模拟电子线路实验教程

主　编　陶秋香　涂继亮　刘清平
副主编　刘　辉　邓　谦　叶　蓁

合肥工业大学出版社

图书在版编目(CIP)数据

模拟电子线路实验教程/陶秋香,涂继亮,刘清平主编 . —合肥:合肥工业大学出版社,2022.8(2023.8重印)

ISBN 978 - 7 - 5650 - 5630 - 7

Ⅰ.①模⋯　Ⅱ.①陶⋯②涂⋯③刘⋯　Ⅲ.①模拟电路—电子技术—实验—高等学校—教材　Ⅳ.①TN710 - 33

中国版本图书馆 CIP 数据核字(2021)第 260259 号

模拟电子线路实验教程

陶秋香　涂继亮　刘清平　主编　　　　　责任编辑　许璘琳

出　版	合肥工业大学出版社	版　次	2022 年 8 月第 1 版
地　址	合肥市屯溪路 193 号	印　次	2023 年 8 月第 2 次印刷
邮　编	230009	开　本	787 毫米×1092 毫米　1/16
电　话	基础与职业教育出版中心:0551 - 62903120	印　张	8
	营销与储运管理中心:0551 - 62903198	字　数	190 千字
网　址	press. hfut. edu. cn	印　刷	安徽昶颉包装印务有限责任公司
E-mail	hfutpress@163.com	发　行	全国新华书店

ISBN 978 - 7 - 5650 - 5630 - 7　　　　　　　　　　定价:42.00 元

如果有影响阅读的印装质量问题,请联系出版社营销与储运管理中心调换。

前　　言

　　模拟电子线路实验是一门工程性、专业性很强的基础实验课程，是培养学生动手能力与创新能力的重要实验环节。根据工程教育认证对电子信息类专业工程实践能力培养需求，结合南昌航空大学电工电子实验教学示范中心教学实践、教学条件以及学生实际情况，本实验教程根据模拟电子线路的基本内容及常用电路，编排了必要的模拟电子线路基础实验及综合设计性实验，其中包括放大器静态工作点和放大倍数的测量及输入、输出电阻和频响特性的测量、模拟集成运算放大电路、负反馈放大器、压控振荡电路、集成功率放大器等实验内容。除上述实验内容外，本教程还介绍了一些常用仪器及常用电子元器件，并根据电子科学技术的发展及计算机辅助设计分析电路的应用，编入了部分模拟电子线路设计性实验和用 Multisim 软件进行的基础电子电路分析实验。

　　本实验教程由南昌航空大学信息工程学院陶秋香、涂继亮和刘清平等老师编写，并获南昌航空大学教材建设基金资助。本教程是为高等学校理工科信息类及相关专业编写的一本厚基础、重实践的模拟电子线路实验教材。相对国内同类实验教程，本书实验内容的选择突出工程教育认证需求，紧密围绕教学大纲，更加注重模拟电子线路实验教学的基本知识和基本技能训练。遵循教学规律，按照由浅入深、循序渐进的学习和能力培养原则，分层次安排实验内容，逐步加深，涵盖了验证型、设计型、设计制作型以及 Multisim 仿真实验四大部分，既相互独立，又相互联系，可根据不同专业教学需要、培养目标进行取舍、组合，构建出不同的实验教学模块。

　　本教材以基本原理介绍为主线，以相似功能电路的设计与实现为章节，对每个实验的实验原理、实验内容、实验步骤等均进行了详尽的阐述。编写内容力争既切合学生学习的实际情况，又能结合实验基础和实验条件，使实验内容可以实现保障学生掌握模拟电子线路原理，掌握电子电路性能参数的调试、测试方法、故障分析排除等基本能力。另外，根据不同的实验教学时数，在实验的数量上、内容的难易程度上保留了充分的选择余地，可以照顾不同专业的实验课时需要，也可以根据学生个性化学习需求因材施教地选择实验内容。借助于详细分析具体实用电路在实际应用中的电路指标设定、器件参数选取、功能性能对比分析等工程设计手段，培养学生在电子技术应用领域的实验、实践能力，激发学生创新意识，从而实现对学生的电子线路领域理论知识到实践能力再到综合专业素质的全面培养，帮助学生在实践学习过程中掌握发现问题、分析问题、解决问题的能力。

本教程适合于高等院校电子信息类、电气类及相近专业学生作为模拟电子线路实验教材使用，以及学生课外科技活动和电子竞赛的参考书籍，也可供有关教师及从事电子技术工作的工程技术人员参考使用。

由于编者各方面条件有限，书中难免还存在不妥、疏漏甚至错误之处，恳请读者批评指正。

编　者

2021 年 10 月

目　录

第一部分

验证型实验

这部分实验所包含的内容与低频电子线路基础理论有密切联系。通过这些实验学生应当达到如下要求：

1. 掌握常用电子仪表（如直流电源、万用表、函数信号发生器、双踪示波器、交流毫伏表等）的基本工作原理和正确使用方法；

2. 能识别各种元器件（如电阻、电位器、电容和电感、二极管、三极管等），掌握其参数测量原理和测量方法；

3. 掌握电子线路基本的放大原理以及放大参数的测量、频响特性、负反馈特性、运算放大器的原理；

4. 能找出测量数据产生误差的原因，并具备一定的测量误差分析和测量数据的处理能力。

学生通过对这部分实验的练习，可增强其处理实践问题的能力，为后续课程的学习和工作打下扎实的基础。

实验一 放大器静态工作点和放大倍数的测量

一、实验目的

1. 了解晶体管放大器静态工作点变动对其性能的影响。
2. 掌握放大器电压放大倍数 Av 的测量方法。
3. 了解 R_C、I_C、R_L 变化对 Av 的影响。

二、实验原理

放大器的一个基本任务是将输入信号进行不失真的放大，要使放大器能正常工作，并获得最大不失真输出电压（即最大动态范围），应将工作点选在交流负载线的中点。

如图 1-1-1 所示，若工作点选得太高（在 Q_2 点）会引起饱和失真，若选得太低（在 Q_3 点）会引起截止失真，而选在 Q_1 点工作时则效果最佳，此时动态范围最大。

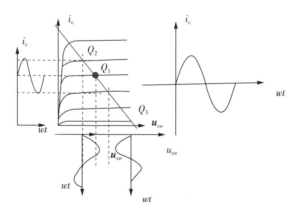

图 1-1-1 有输入信号时放大电路工作情况的图解

常用的放大器偏置电路有固定基流偏置和分压式偏置两种。对固定基流偏置电路，当温度升高引起 I_{CBO} 和 β 的增加时，将使 I_{CQ} 急剧上升，可能导致放大信号的严重失真。这种情况对锗管尤为显著。对分压式偏置电路，温度升高，虽然同样引起 I_{CBO} 和 β 的增加，但由于 U_{BQ} 基本不变，通过 R_e 的负反馈作用，可以稳定工作点。

本次实验所采用的即分压式稳定偏置电路，如图 1-1-2 所示。静态工作点可用下式估算（如图 1-1-3 所示）。

已知：$I_C = \bar{\beta}I_B + (1+\bar{\beta})I_{CBO} = \bar{\beta}I_B + I_{CEO}$

$$U_{BQ} = \frac{R_{b2}}{R_{b1}+R_{b2}} \cdot E_C \quad (I_1 \gg I_{BQ})$$

$$U_E \approx U_{BQ} \quad (U_{BE} \ll U_{BQ})$$

$$U_{CEQ} = E_C - I_{CQ}(R_C + Re)$$

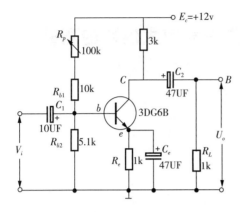

图 1-1-2 分压式稳定偏置放大器

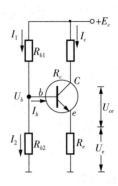

图 1-1-3 分压式稳定工作点偏置电路

图 1-1-2 中若忽略偏置电阻的分流影响，源电压放大倍数是

$$A_V = \frac{U_0}{U_S} \approx \frac{-\beta R'_L}{r_{be}}$$

式中：$R_L' = R_C /\!/ R_L = \dfrac{R_C R_L}{R_C + R_L}$，$r_{be} = r_{bb'} + (1+\beta)\dfrac{26}{I_E} = 200 + (1+\beta)\dfrac{26}{I_E}$。

当 $r_{bb'} \ll (1+\beta)\dfrac{26}{I_E}$ 时，则 $A_V \approx -\dfrac{R'_L I_E}{26}$。

由以上分析可知，R_L，R_C，I_C 变化时，A_V，A_{VS} 也随之变化。

三、实验内容及步骤

1. 按图 1-1-2 连接电路，检查无误后接上电源。

2. 测量静态工作点。

先令 $R_C = 3\text{k}\Omega$，在无输入信号情况下，调节上偏置电阻 R_P，使 $I_{CQ} \approx 1\text{mA}$，然后用万用表分别测量 U_{CEQ}，U_{CQ}，U_{BQ} 和 U_{EQ} 值，并将测量结果记入表 1-1-1 中。

表 1-1-1 测量结果（一）

	U_{CEQ}（V）	U_{CQ}（V）	U_{BQ}（V）	U_{EQ}（V）
计算值				
测量值				
误差				

＊3. 观察静态工作点变动对放大器输出波形的影响。

（1）保持 $I_{CQ} = 1\text{mA}$，$R_C = 3\text{k}\Omega$，$R_L = 1\text{k}\Omega$，在放大器的输入端 A 加入一个频率为 1kHz 的正弦信号电压，同时用示波器观察输出波形。逐步增大信号幅度直到输出波形出现失真为止，若出现上下波形失真不对称，可调节 R_P 使输出波形不失真；继续加大输入信号幅度，直到出现不对称失真，再次调节 R_P，使失真消除。如此反复，直到或已达到最大不失真输出，此时静态工作点已选择在动态特性曲线的中心点，用毫伏表测量此时的 U_i，U_o 值。

（2）调节 R_P，使 $I_{CQ} \approx 2\text{mA}$，或 $I_{CQ} \approx 0$，改变输入信号幅度，用示波器观察并绘下放大器输出波形的变化，分析失真的原因。

4. 放大倍数的测量

（1）令 $R_C = 3\text{k}\Omega$，$R_L = 1\text{k}\Omega$，调节 R_P，使 $I_C = 1\text{mA}$（即 $U_{Rc} = 3\text{V}$），输入信号 $f = 1\text{kHz}$，$U_i = 10\text{mV}$（有效值），用示波器测量放大器输入电压 U_i 和输出电压 U_o，求出 A_V。测量结果记入表 1-1-2 中。

表 1-1-2 测量结果（二）

R_C	R_L	U_i（V）	U_o（V）	A_V（理论）	A_V	误差
3kΩ	1kΩ					
3kΩ	5.1kΩ					

（2）保持输入信号幅度不变，改变电路参数，使 $R_C = 3\text{k}\Omega$，$R_L = 5.1\text{k}\Omega$，测量 R_L 改变时的 V_o 值，计算 A_V。

*（3）测量信号内阻 R_S 对放大倍数的影响。令 $R_C = 3\text{k}\Omega$，$R_L = 1\text{k}\Omega$，$I_C = 1\text{mA}$ 保持原输入信号幅度，在信号源与放大器输入端 A 之间串联一个电阻 R_S（510Ω）测出此时的 V_o，求出 A_{VS}，与（1）中的测量结果比较。

*5. 观察环境温度变化对放大器工作性能的影响

将 $R_c = 3\text{k}\Omega$，$R_L = 1.2\text{k}\Omega$，$I_C = 1\text{mA}$，使输出不失真，然后将温度计置于放大管下面，用热吹风对晶体管加温，用示波器观察从室温上升到 50℃ 时，输出波形变化情况。

四、实验预习要求

完成相应的理论计算。（$\beta = 50$）

五、实验报告要求

1. 记录测量和观察的结果。

2. 将测量结果与计算值比较，并分析在 R_L 改变的情况下，各放大倍数发生变化的原因。

六、实验设备

1. 示波器   一台
2. 信号发生器   一台
3. 交流毫伏表   一台
4. 直流稳压电源   一台
5. 万用表   一只
6. 实验箱   一台

实验二　放大器输入、输出电阻和频响特性的测量

一、实验目的

掌握放大器输入电阻、输出电阻和频率特性的测量原理和方法。

二、实验原理

1. 放大器输入电阻 R_i 的测试

最简单的测试方法是"串联电阻法"。其原理如图 1-2-1 所示，在被测放大器与信号源之间串入一个已知标准电阻 R_n，只要分别测出放大器的输入电压 U_i 和输入电流 I_i，就可以求出：

$$R_i = U_i / I_i = \frac{U_i}{U_R / R_n} = \frac{U_i}{U_R} \cdot R_n$$

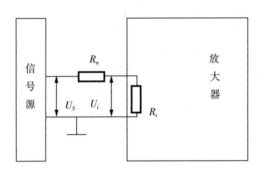

图 1-2-1　放大电路输入端模型

但是，要直接用交流毫伏表或示波器测试 R_n 两端的电压 U_R 是有困难的。因为 U_R 两端不接地，使得测试仪器和放大器没有公共地线，干扰太大，不能准确测试。为此，通常是直接测出 U_S 和 U_i 来计算 R_i，由图 1-2-1 不难求出：

$$R_i = \frac{U_i}{U_S - U_i} \cdot R_n$$

注：测 R_i 时输出端应该接上 R_L，并监视输出波形，保证在波形不失真的条件下进行上述测量。

2. 放大器输出电阻 R_o 的测试

放大器输出端可以等效成一个理想电压源 U_o 和 R_o 相串联，如图 1-2-2 所示。

在放大器输入端加入 U_S 电压，分别测出未接和接入 R_L 时放大器的输出电压 U_o 和 U_L 值，则

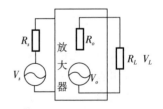

图 1-2-2　放大电路输出端模型

$$R_0 = \left(\frac{U_0}{U_L} - 1\right) R_L$$

注意：要求在接入负载 R_L（或 R_W）的前后，放大器的输出波形都无失真。

理论计算：

$$\beta = 50, \quad I_{CQ} = 1\text{mA}, \quad U_B = \frac{E_c * R_2}{R_{b1} + R_p + R_2}$$

$$r_{be} = 200 + (1+\beta)\frac{26\text{mV}}{I_{EQ}}, \quad R_i = (R_{b1} + R_p)//R_{b2}//r_{be}, \quad R_o = R_c$$

$$f_{l1} = \frac{1}{2\pi(R_c + R_L)C_2} \quad f_{l2} = \frac{1}{2\pi r_{be}C_1'}, \quad C_1' = \frac{C_1 C_e}{(1+\beta) * 10 + C_e}$$

f_{l1} 与 f_{l2} 相差 4 倍以上，取较大的值作为放大电路的下限频率，即

$$R_L' = R_C//R_L, \quad R_b = (R_{b1} + R_p)//R_2, \quad r_{bb'} = 200\Omega, \quad r_{b'e} = r_{be} - r_{bb'}$$

$$K = g_m(R_C//R_L) = \frac{\beta}{r_{b'e}}(R_C//R_L)$$

$$C = C_{b'e} + (1+K)C_{b'c}, \quad C_{b'e} = \frac{g_m}{2\pi f_T}$$

$$f_H = \frac{1}{2\pi(r_{bb'}//r_{b'e})C}$$

3. 放大器幅频特性的测试

对阻容耦合放大器，由于耦合电容及射极电容的存在，使 A_V 随信号频率的降低而降低；又因分布电容的存在及受晶体管截止频率的限制，使 A_V 随信号频率的升高而降低；仅中频段，这些电容的影响才可忽略。描述 A_V 与 f 关系的曲线称为 R_C 耦合放大器的幅频特性曲线，如图 1 - 2 - 3 所示。

图中，A_V 为 $0.707A_V$ 时所对应的 f_H 和 f_L 分别称为上限频率和下限频率，B 称为放大器的通频带，其值为 $B = f_H - f_L$。

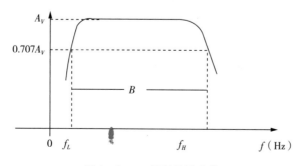

图 1 - 2 - 3　幅频特性曲线

三、实验内容及步骤

1. 调整静态工作点

（1）按图 1-2-4 所示电路，接好并检查无误后，接通直流电源＋12V，在无信号输入情况下，调整偏置可变电阻 R_P，使 $I_C \approx 1\text{mA}$，（即 $U_{RC} = 3\text{V}$）。

（2）测量 U_{CQ}，U_{CEQ}，U_{EQ}，U_{BEQ} 和 U_{BQ} 的值。

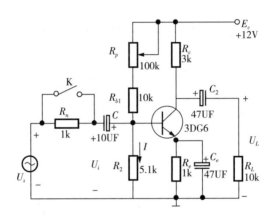

图 1-2-4　共射极放大电路

2. 测量输入电阻

在静态工作点不变的情况下，将开关 K 打开，用函数信号发生器在输入端加入 $U_s = 10\text{mV}$，$f = 1\text{kHz}$ 的正弦信号，用示波器测量出此时的 U_s，U_i 值。测量结果记入表 1-2-1 中，按"串联电阻法"测量原理，计算出输入电阻的大小。

表 1-2-1　测量结果（一）

U_S（mV）	U_i（mV）	R_i（kΩ）

3. 测量输出电阻

开关 K 闭合保持静态工作点不变，输入信号的频率、电压不变，分别测出不接 R_L 和接入 R_L 的输出电压 U_o，U_L，测量结果记入表 1-2-2 中，计算出输出电阻的大小。

表 1-2-2　测量结果（二）

U_o（V）	U_L（V）	R_o（kΩ）

4. 测量放大器的幅频特性

开关 K 闭合，保持输入信号幅度不变，在输出信号不失真的前提下，改变输入信号的频率，测出输出电压的大小，找出 f_L，f_H 计算出 B 值，结果记入表 1-2-3 中。

表 1-2-3　测量结果（三）

V_L (V) ($f=1$kHz)	V'_L (v) ($V'_L=0.707V_L$)	f_L (Hz)	f_H (Hz)	B ($B=f_H-f_L$)

四、实验预习要求

1. 计算图 1-2-5 中当 $I_C=1$mA 时的 U_{CQ}，U_{CEQ}，U_{EQ}，U_{BEQ} 和 U_{BQ} 值。

2. 计算图 1-2-5 中的输入电阻 R_i、输出电阻 R_o、下限截止频率 f_L、上限截止频率 f_H、频带宽度 B。

五、实验报告要求

1. 整理实验记录，并对其结果进行分析讨论。

2. 总结测量输入电阻、输出电阻和频率特性的方法。

六、实验设备

1. 示波器　　　　　　　　　　　　　一台
2. 函数信号发生器　　　　　　　　　一台
3. 交流毫伏表　　　　　　　　　　　一台
4. 直流稳压电源　　　　　　　　　　一台
5. 万用表　　　　　　　　　　　　　一只
6. 实验箱　　　　　　　　　　　　　一台

实验三　负反馈放大器

一、实验目的

1. 进一步了解负反馈放大器性能的影响。
2. 进一步掌握放大器性能指标的测量方法。

二、实验原理

放大器中采用负反馈，可以在降低放大倍数的同时，使放大器的某些性能大大改善。所谓负反馈，就是以某种方式从输出端取出信号，再以一定方式加入输入回路中。若所加入的信号极性与原输入信号极性相反，则是负反馈。

根据取出信号极性与加入输入回路的方式不同，反馈可分为四类：串联电压反馈、串联电流反馈、并联电压反馈与并联电流反馈。如图 1-3-1 所示。

从图 1-3-1 中的网络方框图来看，反馈的这四种分类使得基本放大网络与反馈网络的联接在输入、输出端互不相同。

从实际电路来看，反馈信号若直接加入输入端，是并联反馈，否则是串联反馈；反馈信号若直接取自输出电压，是电压反馈，否则是电流反馈。

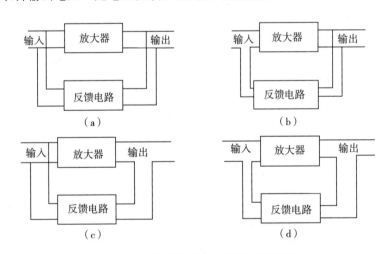

图 1-3-1　反馈放大电路的四种类型

1. 负反馈时输入、输出阻抗的影响

负反馈对输入、输出阻抗的影响比较复杂，不同的反馈形式，对阻抗的影响也不一样，一般而言，凡是并联负反馈，其输入阻抗降低；凡是串联负反馈，其输入阻抗升高；设主网络的输入电阻为 R_i，则串联负反馈的输入电阻为

$$R_{if} = (1+FA_V) R_i$$

设主网络的输入电阻为 R_o，电压负反馈放大器的输出电阻为

$$R_{of} = \frac{R_O}{1 + A_V F}$$

可见，电压串联负反馈放大器的输入电阻增大（$1 + A_V F$）倍，而输出电阻则下降到 $1/$（$1 + A_V F$）倍。

2. 负反馈放大倍数和稳定度

负反馈使放大器的净输入信号有所减小，因而使放大器增益下降，但却改善了放大性能，提高了它的稳定性。

反馈放大倍数为

$$A_{vf} = \frac{A_V}{1 + A_V F} \quad （A_v 为开环放大倍数）$$

反馈放大倍数稳定度与无反馈放大器放大倍数稳定度有如下关系：

$$\frac{\Delta A_{Vf}}{A_{Vf}} = \frac{\Delta A_V}{A_V} \times \frac{1}{1 + A_V F}$$

式中：$\Delta A_V F / A_V F$ 称负反馈放大器放大倍数的稳定度。$\Delta A_V / A_V$ 称无反馈时的放大器放大倍数的稳定度。可见，负反馈放大器比无反馈放大器放大倍数提高了（$1 + A_V F$）倍。

3. 负反馈可扩展放大器的通频带

4. 负反馈可减小输出信号的非线性失真

5. 理论计算

无反馈：$\dot{A}_u = \frac{\dot{U}_0}{\dot{U}_i} \approx \frac{-\beta R'_L}{r_{be}}$

$$R'_L = R_C // R_L = \frac{R_C R_L}{R_C + R_L}$$

$$r_{be} = r_{bb'} + （1 + \beta）\frac{26}{I_E} = 200 + （1 + \beta）\frac{26}{I_E}$$

$$\dot{A}_{us} = \frac{R_i}{R_n + R_i} \dot{A}_u$$

有反馈：$\dot{A}_{ui} = \frac{\dot{U}_0}{\dot{I}_{id}} = -\beta R'_L // R_f$

（1）闭环增益

$$\dot{A}_{uif} = \frac{\dot{A}_{ui}}{1 + \dot{A}_{ui} \dot{F}} \quad \dot{F} = \frac{\dot{I}_f}{\dot{U}_0} = -\frac{1}{R_f}$$

（2）闭环电压增益

$$\dot{A}_{usf}=\frac{\dot{U}_0}{\dot{U}_s}=\frac{\dot{U}_0}{\dot{I}_i\ (R_{if}+R_n)}=\dot{A}_{uif}\frac{1}{(R_{if}+R_n)}$$

（3）闭环输入电阻

$$R_{if}=\frac{R_i}{1+\dot{A}_{ui}\dot{F}}$$

（4）闭环输出电阻

$$R_{0f}=\frac{R_0}{1+\dot{A}_{ui}\dot{F}}$$

三、实验内容及步骤

1. 调整静态工作点，按图1－3－2接线。

2. 闭合开关 K_1，断开开关 K_2，接通电源后，调节 R_P，用万用表直流电压档测量 U_{RC}＝3V，使放大器的静态集电极电流 $I_{CQ}\approx1mA$。

3. 测量无反馈时放大器的电压放大倍数 A_{us}、输入电阻 R_i 和输出电阻 R_o。

（1）在放大器的输入端 U_S 处输入 f＝1kHz 正弦信号，调节信号源的大小，使 U_i 处的有效值为 10mV，用示波器观察输出电压 U_{OL} 的波形，在波形不失真的情况下，测出输出电压 U_{OL} 的有效值，算出开环放大倍数 A_{us}。

（2）测量 U_s，U_i 处的电压，按输入电阻的计算公式计算出输入电阻 R_i。

（3）断开开关 K_1，测出不接负载电阻 R_L 时的输出电压 U_o，按输出电阻的公式计算出输出电阻 R_o。

将以上的测量结果填入表1－3－1中。

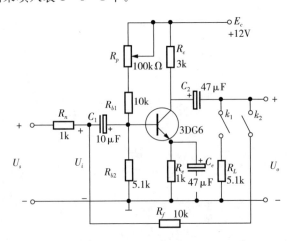

图1－3－2　电压并联负反馈放大电路

4. 测量电压并联负反馈时放大器的电压放大倍数 A_{usf}、输入电阻 R_{if} 和输出电阻 R_{of}。

将开关 K_2 接通后，按步骤3测量出有负反馈时的 A_{usf}、R_{if} 和 R_{of}，测量结果填入表1－3－1中。

表 1-3-1　测量结果（一）

基本放大器	U_s	U_i	U_o	U_{OL}	A_{us}	A_{us}（理论）	R_i	R_i（理论）	R_o	R_o（理论）
电压并联负反馈放大器	U_s	U_i	U_o	U_{OL}	A_{usf}	A_{usf}（理论）	R_{if}	R_{if}（理论）	R_{of}	R_{of}（理论）

5. 研究放大倍数的稳定性。

保持 U_i 处的有效值为 10mV，将负载电阻 R_L 由 5.1k 变为 1k，测出无反馈和有反馈时的输出电压 U_{OL}，计算稳定度，测量结果记录表 1-3-2 中。

表 1-3-2　测量结果（二）

待测参数		无反馈					有反馈			
		U_s	U_{oL}	A_{us}	ΔA_{us}	$\Delta A_{us}/A_{us}$	U_s	U_{oL}	A_{usf}	ΔA_{usf}	$\Delta A_{usf}/A_{usf}$
负载电阻	5.1kΩ										
	1kΩ										

6. 研究基本放大电路，$R_L=5.1k$，用示波器观察记录输出电压 U_{OL} 的波形，去掉电路中 C_e 电容，观察并记录波形，并分析其变化原因。

四、实验预习要求

1. 复习负反馈对放大器性能影响的原理。
2. 试判断如图 1-3-2 所示电路的反馈类型、反馈元件
3. 计算无 R_f 反馈时，放大器的电压放大倍数 A_{us}、输入电阻 R_i 和输出电阻 R_o。
4. 计算有 R_f 反馈时，放大器的电压放大倍数 A_{usf}、输入电阻 R_{if} 和输出电阻 R_{of}。

五、实验报告要求

1. 整理实验数据，分别求出开环和闭环时放大倍数、输入电阻、输出电阻和放大倍数稳定度，对实验数据进行分析。
2. 讨论负反馈对放大电路的影响。

六、实验设备

1. 示波器　　　　　　　　　　　　　一台
2. 函数信号发生器　　　　　　　　　一台
3. 交流毫伏表　　　　　　　　　　　一台
4. 直流稳压电源　　　　　　　　　　一台
5. 万用表　　　　　　　　　　　　　一只
6. 实验箱　　　　　　　　　　　　　一台

实验四 集成运算放大器的应用（一）

一、实验目的

通过实验，掌握集成运算放大器的正确使用方法，进一步了解运算放大器在信号放大和模拟运算方面的应用。

二、实验原理

1. 反相放大器

电路如图 1-4-1 所示，信号由反相输入，在理想化条件下，反相放大器的闭环增益为

$$A_{uf} = \frac{U_o}{U_i} = -\frac{R_f}{R}$$

由上式可知，选用不同的电阻比值 $\frac{R_f}{R}$，$|A_{uf}|$ 可大于 1，也可小于 1。当 $R_f = R$ 时，放大器的输出电压等于输入电压的负值，此时反相放大器显示反相跟随作用，因此，称它为反相器。

反相放大器属电压并联负反馈放大电路，其输入、输出阻抗都比较低。

2. 同相放大器

电路如图 1-4-2 所示，在理想化条件下，其闭环电压增益为

$$A_{uf} = \frac{U_o}{U_i} = 1 + \frac{R_f}{R}$$

当 R_f 为有限值时，$|A_{uf}|$ 恒大于 1，当 $R \to \infty$（或 $R_f = 0$）时，同时放大器转变为同相跟随器。

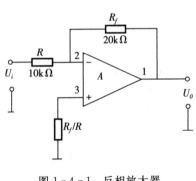

图 1-4-1 反相放大器

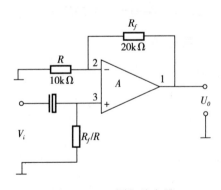

图 1-4-2 同相放大器

三、实验内容及步骤

1. 反相放大器

（1）实验电路如图 1-4-1，连接电路，检查无误后，接通电源。

（2）输入 $f=1\text{kHz}$，$V_{p-p}=1\text{V}$ 正弦信号，用双踪示波器同时观察并定量纪录 u_i 和 u_o 的波形，计算出电压增益 A_{uf}。

（3）改变 R_f 为 $30\text{k}\Omega$，重复步骤（1）（2），观察波形变化，并定量记录 u_i 和 u_o 的波形，计算出电压增益 A_{uf}。

2. 同相放大器

实验电路如图 1-4-2，实验内容与步骤和反相放大器相同。

四、实验预习要求

1. 复习有关集成运放应用方面的内容，弄清本实验各电路的工作原理。

2. 计算图 1-4-1 和 1-4-2 中电路的放大倍数 A_{uf}。

3. 此次实验使用的是 LM324 集成运算放大器，参考有关书籍，预习其各引脚功能及各参数的技术指标。

五、实验报告要求

1. 根据观察到的波形与数据，在同一时间坐标轴上定量画出 u_i 和 u_o 关系对应的波形。

2. 整理实验数据，并与理论比较，分析讨论。

3. 总结反相放大器和同相放大器电路特点。

4. 实验心得体会。

六、实验设备

1. 示波器　　　　　　　　　　　　　　　　一台
2. 函数信号发生器　　　　　　　　　　　　一台
3. 交流毫伏表　　　　　　　　　　　　　　一台
4. 直流稳压电源　　　　　　　　　　　　　一台
5. 万用表　　　　　　　　　　　　　　　　一只
6. 实验箱　　　　　　　　　　　　　　　　一台

实验五 集成运算放大器的应用（二）

一、实验目的

了解集成运算放大器的基本运算关系和应用。

二、实验原理

1. 积分器

简单的积分器电路如图 1-5-1 所示。在理想条件下，当 C 两端的初始电压为零时，则

$$\frac{V_i(t)}{R} = -C\frac{\mathrm{d}V_o(t)}{\mathrm{d}t}$$

$$V_o(t) = -\frac{1}{RC}\int_0^t V_i(t)\mathrm{d}t$$

若 $V_i(t)$ 是幅值为 V 的阶跃电压时 $V_o(t) = -\frac{1}{RC}\int_0^t V\mathrm{d}t = -\frac{V}{RC}t$，这时输出电压 $V_o(t)$ 将随时间增长而线性下降，其规律如图1-5-2所示。显然 RC 的数值越大，达到规定的 V_o 值所需的时间就越长。

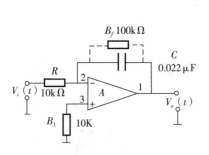

图 1-5-1 积分器

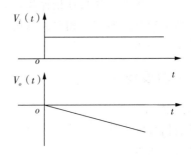

图 1-5-2 积分器输出波形（1）

若 $V_i(t)$ 是幅值为 V_{ipp} 的矩形波电压时，则 $V_o(t)$ 是 $V_{opp} = \frac{1}{2}\frac{V_{ipp}}{RC}\left(\frac{T}{2}\right)$ 的三角波，输入输出波形的对应关系如图 1-5-3 所示。

积分时间常数 RC 的选择，应根据输入信号的类型和运放允许的输出电压峰峰值 V_{opp}' 而定。就以上述输入方波信号的积分器为例，若 RC 值太大，则输出 V_{opp} 较小，往往不满足预定要求；若 RC 值较小，V_{opp} 又受到具体运放容许值 V_{opp}' 的限制，即应符合 $V_{opp} \leqslant V_{opp}'$，则

$$RC \geqslant \frac{1}{2}\frac{V_{opp}}{V_{opp}'}\left(\frac{T}{2}\right)$$

　　当 RC 值确定后，主要考虑 C 的取值。C 值取小，虽然增大 R 对提高积分器输入电阻有利，但不利于积分温漂；C 值过大，又将造成体积过大和漏电等问题，因此，在精密积分器电路中常选用小于 $1\mu F$ 的涤纶电容或聚苯乙烯电容。

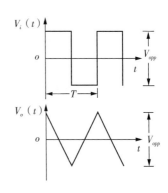

　　在实际积分器电路的 C 两端常并接 R_F，为的是减小运放的直流漂移。但其值不宜过小，否则将影响线性积分关系，一般在 $200k\Omega \sim 1M\Omega$ 取值。

图 1-5-3　积分器输出波形（2）

　　2. 微分器

　　简单的微分器电路如图 1-5-4 所示，它是积分的反运算电路。在理想化条件下

$$V_0(t) = -i_cR = -RC\frac{\mathrm{d}V_i(t)}{\mathrm{d}t}$$

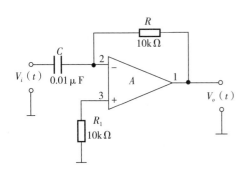

（a）微分原理电路

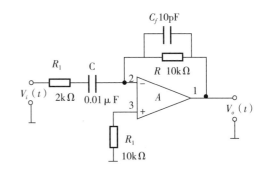

（b）微分器实验电路

图 1-5-4

　　当 $V_i(t)$ 为方波时，输出 $V_o(t)$ 为微分尖脉冲波，当 $V_i(t)$ 为三角波时，输出 $V_o(t)$ 为方波。它们的波形关系分别如图 1-5-5 和图 1-5-6 所示。

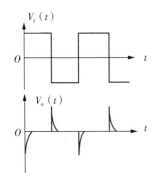

图 1-5-5　输入为方波时的输出波形

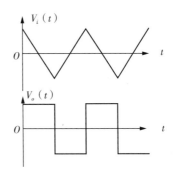

图 1-5-6　输入为三角波时的输出波形

　　从微分原理电路可见，其闭环增益为

$$A_{of}(jw) = -\frac{R}{\frac{1}{jwc}} = -jWRC$$

它将随着频率增高而提高，因此有两点须特别注意，即

（1）电路很不稳定，极易自激；

（2）高频噪声影响大，很易造成运算误差。

有效的解决办法是在输入端串接几十到几百欧的电阻 R_1〔如图 1-5-4（b）所示的实验电路〕。这时

$$A_{vf}(jw) = -\frac{R}{R_1 + \frac{1}{(jwc)}} = -\frac{jwRC}{1 + jwR_1C}$$

由于引进了新的极点角频率 $\frac{1}{R_1C}$，这就破坏了原来的自激条件。当 W 足够高时，$A_{vf}(jw)$ 将被限制在 R/R_1 上，从而达到抑制高频噪声的目的。如同时在 R 上并接电容 C_F，可以证明，当 $RC_F = R_1C$ 时，则不但能消除自激，还能更进一步抑制高频噪声。但是 R_1 和 C_F 的引入，必将带来一定的运算误差。

在考虑 RC 的取值时，同样要使微分器输出电压峰峰值 V_{opp} 不超过运放输出的容许值 $V_{opp}{}'$，由此可得

$$RC \leqslant \frac{V_{opp}}{\left[\dfrac{\mathrm{d}V_i(t)}{\mathrm{d}t}\right]_{\max}}$$

式中，$\left[\dfrac{\mathrm{d}V_i(t)}{\mathrm{d}t}\right]_{\max}$ 是输入电压的最大变化速率，对三角波来说，即其线性段的斜率值。

三、实验内容与步骤

1. 积分器

（1）按图 1-5-1 接好电路，检查无误后，接通电源。

（2）输入 $f=1\mathrm{kHz}$，$U_m=1\mathrm{V}$ 的方波信号 u_i，用示波器双踪显示 u_0 和 u_i 波形，测量出 U_{opp} 值并定量记录波形。

（3）改变 $C=0.01\mu\mathrm{F}$ 时，观察波形有何变化，并测出 U_{opp} 值和定量记录波形。

2. 微分器

（1）按图 1-5-4（b）接好电路，用示波器检查输出有无自激现象。若有自激，可适当加大 R_1 和 C_F，使自激消除。

（2）分别加入 $f=1\mathrm{kHz}$，$U_m=1\mathrm{V}$ 方波、三角波信号，用示波器分别观察它们的输出电压 u_0 波形，并定量记录波形。

四、实验预习要求

1. 复习有关集成运放大器应用方面的内容，弄清本次实验各电路的工作原理。

2. 按图 $1-5-1$，计算输出波形 V_{oPP}。

五、实验报告要求

1. 画出积分、微分运算时的输入、输出信号电压波形，测出电压峰值及分析其输入、输出波形的对应关系。

2. 总结各电路特点，写出心得体会。

六、实验设备

1. 双踪示波器	一台
2. 函数信号发生器	一台
3. 直流稳压电源	一台
4. 交流毫伏表	一台
5. 万用表	一只
6. 实验箱	一台

实验六　集成运算放大器的应用（三）

一、实验目的

了解集成运算放大器的基本运算关系和非线性应用。

二、实验原理

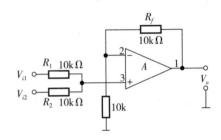

图 1 - 6 - 1　同相加法器

1. 同相加法器

电路如图 1 - 6 - 1 所示。在理想化条件下，由于 $\sum$ 相加点为"虚地"，两路输入电压 V_{i1} 和 V_{i2} 可以彼此独立地通过自身输入回路电阻转换为电流，这样就能精确地进行代数相加运算，其输出电压为

$$V_o = \frac{R_f}{R_1}V_{i1} + \frac{R_f}{R_2}V_{i2}$$

当 $R_1 = R_2 = R$ 时，$V_o = \frac{R_f}{R}(V_{i1} + V_{i2})$。

2. 电压比较器

比较电路就是将一个输入电压 V_{i1} 和一个参考电压 V_{i2} 相比较，电路如图 1 - 6 - 2 (a) 所示。

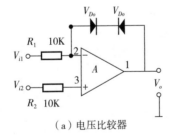

（a）电压比较器

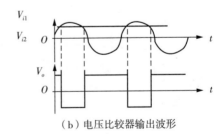

（b）电压比较器输出波形

图 1 - 6 - 2

如参考电压为零，这时的比较电路就叫过零比较电路如图 1 - 6 - 3 (a) 所示。从反相端输入一个正弦电压，那输出电压将会是一个方波。当输入电压变化到零时刻，输出电压产生跃变，得一个方波，而输入电压幅值的变化不影响输出方波。它的波形关系见图 1 - 6 - 3 (b) 所示。

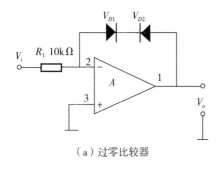

（a）过零比较器

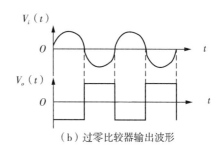

（b）过零比较器输出波形

图 1 - 6 - 3

三、实验内容与步骤

1. 同相加法器

（1）实验电路如图 1 - 6 - 1，按图连接电路，检查无误后接通电源。

（2）在输入端 V_{i1} 处输入 $f=1kHz$，峰峰值 $V_{p-p}=2V$ 的正弦信号，在 V_{i2} 处输入 2V 直流信号，观察输入、输出波形，并作定量的记录。

2. 比较电路

（1）按图 1 - 6 - 2（a）接好电路，在输入端 V_{i1} 处输入 $f=1kHz$，峰峰值 $V_{p-p}=6V$ 正弦波信号，在 V_{i2} 处输入 2V 直流信号，观察输入、输出波形，并作定量的记录。

（2）按图 1 - 6 - 3（a）接好电路，在输入端输入 $f=1kHz$，峰峰值 $V_{p-p}=1V$ 正弦波信号，观察输入、输出波形并作定量记录。

四、实验预习要求

复习有关集成运放大器应用方面的内容，弄清本次实验各电路的工作原理。

五、实验报告要求

1. 画出同相加法器和比较器的输入、输出信号电压波形，并分析其输入、输出波形的对应关系。

2. 总结各电路特点，写出心得体会。

六、实验设备

1. 双踪示波器	一台
2. 函数信号发生器	一台
3. 直流稳压电源	一台
4. 交流毫伏表	一台
5. 万用表	一只
6. 实验箱	一台

实验七 无变压器功率放大器

一、实验目的

1. 了解此类功放的调试方法。
2. 掌握功放的最大输出功率、效率及失真度的测量方法。

二、实验原理

1. 原理及实验电路

无变压器功率放大器具有频率响应好、非线性失真小、适宜集成化等优点。因此在高传真的扩音设备中被广泛应用。

无变压器功率放大器可分为 OTL 电路和 OCL 电路二类。

图 1-7-1 所示为 OTL 电路原理图，设输入电压 $V_i = V_{im}\sin\omega t$，当 $0 \leqslant \omega t \leqslant \pi$ 时，输入电压的正半波经管 T_1 反相后加到 T_2 和 T_3 管的基极，使 T_2 管截止，T_3 管导通，从而在负载电阻 R_L 上形成输出电压 V_o 的负半波；当 $\pi \leqslant \omega t \leqslant 2\pi$ 时，输入电压的负半波经 T_1 管反相后，使 T_3 管截止，T_2 管导通，从而在负载电阻 R_L 上形成输出电压 V_o 的正半波。当输入电压周而

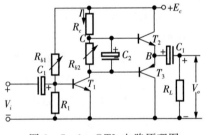

图 1-7-1 OTL 电路原理图

复始地变化时，输出功放管 T_2 和 T_3 交替工作，使负载电阻 R_L 上得到完整的正弦波。

其工作过程及波形如图 1-7-2 所示。在上面分析中，尽管 T_2，T_3 两管工作在甲、乙类，但为了分析方便，我们仍认为在静态时基本处于截止状态。

上述功放电路在理想情况下，输出电压峰值是 $V_{omax} = E_c/2$，即 V_B 的最大变化量 $(\Delta V_B = E_c - E_c/2 = E_c/2)$ 实际上达不到这个数值，这是因为，当 V_i 为负半周时，T_2 管导通：它输出到负载的电流增加因而 T_2 基极电流也增加，由于 R_c 上压降和 V_{be2} 的存在，当 B 点电位接近 $+E_c$ 时，T_2 管基极电流不能增加很多，因此就限制了 T_3 管输向负载的电流，无法使负载两端得到 $E_c/2$ 的电压幅度，而只能达到 $V_{omax} = \frac{1}{2}E_c - R_c \cdot I_R - V_{be_2}$，因此实际的互补对称功率放大器在电路上要作改进。

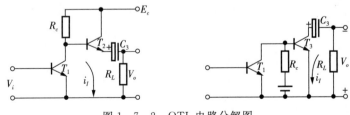

图 1-7-2 OTL 电路分解图

图 1-7-3 所示为实验电路，其中加有自举电路 C_4 和 R_4。在静态情况下，当 $V_i=0$ 时，$V_B=E_c/2$（此处 $E_c=E_o$），$V_D=E_c-I_R \cdot R_4=E_c-V_{R_4}$，电容 C_4 两端电压充到 $V_{c_4}=V_D-V_B=\frac{1}{2}E_c-V_{R_4} \approx E_c/2$，且时间常数 $R_4 C_4$ 足够大，则 V_{c_4} 可以认为不随输入信号的变化而变化。这样一来，当输入信号为负半波，T_2 管导通。V_B 由 $E_c/2$ 向正的方向变化时，D 点电位 V_D 便随之增加，从而能给 T_2 管子提供足够的基极电流，使功放的输出电压幅度增加。不仅如此，由于电路中 T_1 管的直流偏压不是直接引自电源 E_c，而是与 B 点相连，这样便可利用负反馈使放大管的工作趋于稳定。

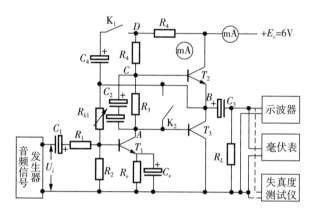

图 1-7-3 加有自举的 OTL 电路

2. 几项重要指标及其测量方法

（1）最大输出功率 P_{om}

在理想情况下，互补推挽功率放大器的最大输出功率为

$$P_{om}=\left(\frac{E_c/2}{R_L}\right) \cdot \frac{(E_c/2)}{2}=\frac{E_c^{~2}}{8R_L}$$

测量方法：

给放大器送入 1kHz 的电压信号，逐渐加大输入电压幅值，并使失真度仪的读数小于或等于 10%，读出此时毫伏表的读数 V_o，最大输出功率为

$$P_{om}=\frac{V_o^{~2}}{R_L}$$

如果没有失真度仪，则用示波器观察到输出波形为临界削波时，读出毫伏表的读数 U_o。

（2）在理想情况下，直流电源供给的平均功率为

$$P_E=\frac{4}{\pi}P_{om}$$

测量方法：

给放大器送入 1kHz 正弦电压信号，逐渐加大输入电压信号幅值，使示波器显示临界削波的波形，这时毫伏表的读数就是最大不失真的输出电压值，而直流毫安表读数 I 就是电源输出的平均电流（忽略了其他支路的电路）。根据下式，可算出电源供给的功率。

$$P_E = E_c \cdot I$$

当然，也可以读出放大器输出波形失真为 10% 时毫安表的读数 I，从而算出电源供给的直流功率。

（3）最大效率 η_m

所谓理想的情况是，管子的饱和压降 $V_{CES} = 0$，穿透电流 $I_{CEO} = 0$，且 T_2，T_3 管完全对称，即

$$\eta_m = \frac{P_{om}}{P_E}$$

式中，P_{om} 是功率放大器的最大输出功率，P_E 是电源供给的功率。

（4）失真度 d

$$d = \frac{\sqrt{V_2{}^2 + V_3{}^2 + \cdots + V_n{}^2}}{V_1}$$

式中，V_1 为基本电压有效值，V_2，V_3，$\cdots$，V_n 分别为二次、三次…n 次谐波电压有效值。

改变输出电压幅度，就可测出对应的一系列失真度的数据，从而可作出失真度与输出电压的关系曲线。

（5）最大输出功率时晶体管的管耗 P_T

理想情况下：

$$P_T = \left(\frac{4}{\pi} - 1\right)\frac{E_c{}^2}{8R_L}$$

三、实验预习练习

1. 阅读实验原理

2. 回答下列问题

（1）图 1-7-3 中互补管的交越是靠下列何者消除的？

a. T_1 管集电极电位；

b. 给 T_2，T_3 管发射极提供一微小的正向偏压；

c. 为 T_2，T_3 管提供同相电压信号。

（2）图 1-7-3 中，当 K_2 合上时，T_2，T_3 管每个管子只导电_____度；当 V_i 正半周时，_____管导电；当 V_i 负半周时，_____管导电。

（3）图 $1-7-3$ 中，K_2 闭合，当无输入信号时，T_2，T_3 管的管耗是_____。

（4）要使实验电路具有自举功能，K_1 应断开还是闭合？要 T_2，T_3 工作在乙类状态，K_2 应断开还是闭合？

（5）在理想情况下，计算实验电路的最大输出功率 P_{om}，管耗 P_{T2}，P_{T_3} 及 P_T、P_E、η。

四、实验内容及步骤

1. 直流工作点的调整

调节 R_W 使 $V_B = E_c/2$。

2. 测量最大输出功率与功率

（1）加自举

（2）不加自举

3. 用示波器观察 T_2，T_3 管有无正向偏压对交越失真的影响，记录两种情况下的输出波形

（1）加自举

（2）不加自举

五、实验报告要求

1. 将实验测试数据填入表 $1-7-1$ 中，画出实验内容所要求的各点波形。

2. 比较计算与测试结果，回答下列问题。

（1）理想情况下，乙类推挽电路的效率可达 78.5%，但实际测得的结果与此差距较大，其主要原因是什么？

（2）若给放大器送入一正弦电压信号，测出输出波形分别为图 $1-7-4$ 中几种情况，试说明其原因。

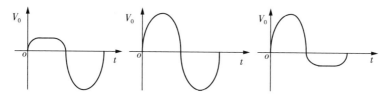

图 $1-7-4$　输出三种波形

表 $1-7-1$　测量结果

	计算值		实测值	
	理想	非理想	K_1 断	K_1 通
P_{om}				
P_T				
P_E				
η				

六、实验设备

1. 信号发生器   一台
2. 示波器、毫伏表、万用表   各一台
3. 直流稳压电源   一台
4. BS2 型失真度测试仪   一台
5. 电阻箱   一个

实验八　压控振荡电路

一、实验目的

1. 掌握由集成运放组成的压控方波-三角波产生电路的工作原理。
2. 熟悉压控波形产生电路的元件参数的变化对其输出波形的影响。

二、实验原理

电压控制振荡器简称压控振荡器，通指可用电压控制振荡频率的电路或器件。压控振荡器大致分为两类：调谐振荡和多谐振荡。调谐式可以直接取得正弦波，但是通常振荡频率相对控制电压的线性比多谐式差很多，控制电压也较窄。

压控振荡器的控制电压可以有不同的电压方式，如用直流电压作为控制电压，可制成频率调节十分方便的信号源；用正弦电压作为控制电压，成为调频振荡器；用锯齿波电压作为控制电压，成为扫频振荡器。

压控波形产生电路的电路形式很多，现列举一个由集成运放组成的压控方波-三角波产生电路。如图 1-8-1 所示，运算放大器 A_1 与电阻 R_1，R_2 构成同相输入施密特触发器（即迟滞比较器）。运算放大器 A_2 与 RC 构成积分电路，二者形成闭合回路。由于电容 C 的密勒效应，在 A_2 的输出得到线性度较好的三角波。

首先分析由集成运放 A_1 构成的比较器电路。A_1 反相端接参考电压，即 $U_-=0$。同相端接输入电压 U_{ia}，比较器输出端 $U_{01}=U_Z V$。当比较器 $U+=U_-=0$ 时，比较器翻转，输出 U_{01} 从高电平 $+U_Z$ 跳到低电平 $-U_Z$，或从低电平 $-U_Z$ 跳到高电平 $+U_Z$。

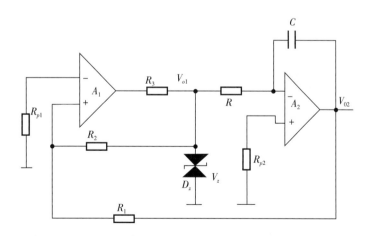

图 1-8-1　压控方波-三角波产生电路

$(R_{p1}=R_{p2}=R=R_1=10\text{k}\Omega\quad R_2=20\text{k}\Omega,\ R_3=2\text{k}\Omega,\ C=0.022\mu\text{F})$

若 $U_{01}=+U_Z$，

$$V_+ = \frac{R_1}{R_1 + R_2} \times V_z + \frac{R_1}{R_1 + R_2} \times V_{ia} = 0$$

将上式整理，得到比较器翻转的下门限电压 $U_i\boldsymbol{a}$ 为

$$V_{ia-} = -\frac{R_1}{R_2} \times V_z$$

若 $U_{01} = -U_z$，则比较器上门限电压为 U_{ia} 为

$$V_{ia+} = -\frac{R_1}{R_2} \times (-V_z) = \frac{R_1}{R_2} \times V_z$$

比较器的门限宽度 U_H 为

$$V_H = V_{ia+} - V_{ia-} = 2\frac{R_1}{R_2} \times V_z$$

集成运放 A_2 组成积分电路，其输入信号为 U_{01} 输出的方波，则积分器输出 U_{02} 为

$$U_{02} = -\frac{1}{RC}\int U_{02}\,\mathrm{d}t$$

当 $V_{01} = +V_Z$ $V_{02} = \frac{V_z}{RC}t$ （V）

当 $V_{01} = -V_Z$ $V_{02} = -\frac{V_z}{RC}t$ （V）

可见，当积分器的输入为方波时，输出是一个上升速率与下降速率相等的三角波。比较器与积分器形成闭合回路，产生方波和三角波。其波形如图 1-8-2 所示。

振荡周期

$$T = \frac{4R_1 RC}{R_2}$$

输出方波 v_{01} 的幅度

$$V_{o1m} = |\pm V_Z|$$

输出三角波 v_{02} 的幅度

$$V_{o2m} = \left| \pm \frac{R_1}{R_2} V_Z \right|$$

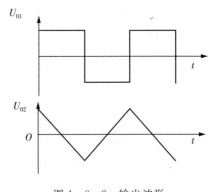

图 1-8-2　输出波形

调节电阻 R 可以改变振荡频率，改变比值 $\frac{R_1}{R_2}$，可调节三角波的幅值。

三、实验内容和步骤

1. 按图 1-8-1RN FI 接好电路，用示波器观察 V_{01} 和 V_{02} 端波形，测量幅值 V_m 和周

期 T 并做定量的记录。

2. 改变电阻 $R=20\text{k}\Omega$，观察波形有何变化，测量幅值 U_m 和周期 T，定量记录波形。

3. 当 $R=10\text{k}\Omega$，改变 $R_1=20\text{k}\Omega$，观察波形有何变化，测量幅值 U_m 和周期 T，定量记录波形。

四、实验预习要求

1. 了解电路的工作原理，计算输出信号 U_{01} 和 U_{02} 的幅值 U_m 和周期 T。（$V_z=6\text{V}$）

2. 分析改变 R 时，U_{01} 与 U_{02} 波形的哪些参数会发生变化？

3. 分析改变 R_1 时，U_{01} 与 U_{02} 波形的哪些参数会发生变化？

五、实验报告要求

1. 在坐标纸上画出 U_{01} 和 U_{02} 的波形，并标明时间和电压幅值。

2. 整理实验数据，并与理论比较，分析讨论。

3. 用实验数据分析电路参数（R_1，R_2，R）的变化对输出波形的影响。

六、实验仪器

1. 直流稳压电源   一台

2. 双踪示波器   一台

3. 万用表   一只

4. 实验箱   一台

实验九　集成功率放大器

一、实验目的

1. 了解集成功率放大器的工作原理及使用方法。
2. 掌握集成功率放大器主要性能指标的测试方法。
3. 了解功率放大器对负载匹配的要求。

二、实验原理

在一些电子设备中，由于放大电路的输出级能够带动较重负载，因而要求放大电路有足够的输出功率，这种放大电路统称为功率放大电路。对功率放大电路的要求与电压放大电路有所不同，主要从以下几个方面考虑：

（1）能根据负载的要求，提供所需的输出功率；

（2）具有较高的效率；

（3）尽量减小非线性失真。

基于上述要求，功率放大器的主要指标有：

（1）最大不失真输出功率 $P_{o,\max}$

最大不失真输出功率是指在正弦输入信号下，输出不超过规定的非线性失真指标时，放大电路最大输出电压和电流有效值的乘积。在测量时，可用示波器观察负载电阻上的波形，在输出信号最大且满足失真度要求时，可测量输出电压的有效值，即

$$P_{o,\max}=\frac{U_0^2}{R_L}$$

（2）功率增益

功率增益定义为 $A_p=10\lg\dfrac{P_0}{P_i}$，其中，$P_0$ 为输出功率；P_i 为输入功率。

（3）直流电源供给功率 P_E

电源供给的功率定义为电源电压和它所提供的电流平均值的乘积。

（4）效率

放大器的效率是指提供给负载的交流功率与电源提供的直流功率之比，即 $\dfrac{P_{0,\max}}{P_E}$。

功率放大电路可以由分立元件组成，也可由线性集成功率放大器组成。集成功率放大器克服了晶体管分立元件功率放大器的诸多缺点，其性能优良，稳定可靠，而且所用外围元件少，结构简单，调试方便。它的内部电路一般也由前置级、中间级、输出级和偏置电路等组成，与电压放大器不同的是其输出功率大，效率高。而且集成功放的内部电路中还常设有过流、过压及过热保护电路，以保证其在大功率状态下能够安全可靠地工作。

　　集成功率放大器的种类很多，本书主要介绍 LM386 集成功率放大器。LM386 是一种低电压通用型集成功率放大器，其内部由输入级、中间级和输出级等组成，对外有 8 个引脚。其典型应用电路如图 1-9-1 所示。

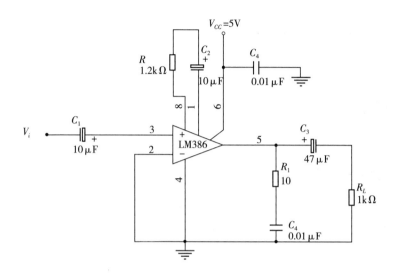

图 1-9-1　集成功率放大电路

　　电路为单端输入方式，输入信号由 C_1 接入同相输入端 3 脚，反相输入端 2 脚接地。管脚 1，8 开路时，其内部负反馈最强，整个电路的电压放大倍数为 20，若在 1，8 脚之间外接旁路电容，可使电压放大倍数提高到 200。在实际使用中，常常在 1，8 脚之间外接阻容串联电路，通过调节电阻的大小使电路的电压放大倍数在 20～200 变化。5 脚外接电容 C_3 为功放输出耦合电容，以便构成 OTL 电路。R_1，C_4 是频率补偿电路，用以消除负载电感在高频时产生的不良影响，改善功放的高频特性并防止高频自激。

三、实验内容及步骤

　　按图 1-9-1 所示搭接电路，对集成功率放大器的主要特性参数进行测试。

　　1. 负载电阻 $R_L=1$kΩ，当功率放大电路在最大不失真条件下，测量电压增益 A_u、输出功率 P_o、电源供给功率 P_E、效率 η 等。结果记录表 1-9-1。

表 1-9-1　测量结果（一）

U_{ipp}	U_i	U_{opp}	U_o	A_u	P_o	P_E	效率 η

　　2. 当把管脚 1，8 开路时，在输出达到最大不失真条件下，测量输入电压和输出电压，计算电压增益 A_u。结果记录表 1-9-2。

　　3. 当管脚 1，8 之间外接电容 $C=10\mu$F 时，在输出达到最大不失真条件下，测量输入电压和输出电压，计算电压增益 A_u。结果记录表 1-9-2。

表 1-9-2　测量结果（二）

	U_{opp}	A_u
管脚 1，8 开路		
管脚 1，8 之间外接电容 $C=10\mu F$		

四、实验预习要求

1. 了解集成功率放大器的工作原理及主要性能指标的测试方法。
2. 分析功率放大和电压放大各自不同的特点。
3. 预习其各引脚功能及各参数的技术指标。

五、实验报告要求

1. 整理实验数据，并进行相应计算以得到各参数值。
2. 分析连接在管脚 1，8 脚之间的电阻、电容的作用。

第二部分

设计型实验

这部分实验所包含的内容与低频电子线路基础理论设计与应用有密切的联系，通过这些实验学生应当达到如下要求：

1. 促进学生对已掌握的基础理论知识进一步理解、深化和拓宽，从而有效地加深对学科体系的认知，充分发挥学生的主观能动性，使其透彻地理解低频电子线路相关原理及分析方法。

2. 设计型实验教学能有效地激发学生的学习兴趣，进一步调动学生的学习积极性和主动性，有利于培养学生的团队协作能力、科研能力、独立思考能力和创新意识。

3. 设计型实验教学能提高学生的综合素质，有利于培养学生学科知识的综合应用能力和统筹安排实验操作过程的能力，并学会如何简便快捷、经济有效地完成实验。

4. 有利于学生提高分析问题、解决问题的能力及纵向、横向思维能力，培养学生具备严谨的科学态度和务实工作作风。

因此，加强设计型实验教学环节，注重理论与实际的结合，强化工程实践训练，可进一步加强对学生创新能力及综合能力的培养。

实验一 测量放大器的设计

一、设计实验目的

1. 学习测量放大器的设计方法。
2. 掌握测量放大器的调试方法。

二、设计实验原理

在许多测试场合，传感器输出的信号往往很微弱，而且伴随有很大的共模电压（包括干扰电压），一般对这种信号需要采用测量放大器。由于测量放大器常用来放大微弱差值信号，因而对它的共模抑制性能有较高的要求。

测量放大器一般可由两个同相放大器和一个差动放大器组成，该电路具有输入阻抗高、电压增益容易调节、输出不包含共模信号等优点。其原理框图如图 2-1-1 所示。

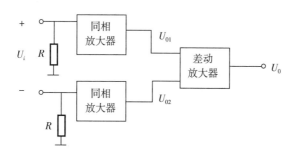

图 2-1-1 测量放大器原理框图

测量放大器的第一级由两个同相放大器组成。输入端若不接 R 时，该电路由于引入了串联负反馈，所以差模输入电阻 R_{id} 和共模输入电阻 R_{ic} 都很大。当接入电阻 R 后，由于 R 小，则 R 与 R_{id} 或 R_{ic} 并联后，该电路的差模输入电阻 $R_{id} \approx 2R$，共模输入电阻 $R_{ic} \approx R/2$。该电路的电压增益为

$$A_{u1} = \frac{U_{01} - U_{02}}{U_i}$$

该电路的优点是输入电阻很大，电压增益调节简单，适用于不接地的"浮动"负载。缺点是把共模信号按 1:1 的比例传送到输出端。

抑制共模信号传递最简单的方法是在同相并联放大器之后再接一级基本的差动放大器。不仅能割断共模信号的传递，还能将双端变单端，适应负载接地的需要。即测量放大器的第二级由基本差动放大器构成，从而提高整个电路的共模抑制能力。

该电路的电压增益为

$$A_u = \frac{U_0}{U_{01} - U_{02}}$$

三、设计内容及要求

试设计一个测量放大器。

设计指标：

1. 输入信号 $U_{i,P-P}=5\mathrm{mV}$ 时，输出电压信号 $U_{O,P-P}=1\mathrm{V}$，$A_{VO}=-200$，$f=1\mathrm{kHz}$；

2. 输入阻抗要求 $R_i>1\mathrm{M\Omega}$。

设计调试时的注意事项：

1. 设计时要考虑电路的实际性能和方便调试。要注意增益的分配，若一级增益过大则不容易测量，而且输出失调电压也将加大。选择电路参数时，要考虑到前级运算放大器的带负载能力。

2. 调试时要一级一级地进行。输入信号一般是浮空的交流信号，而调试的信号源则一端接地，另一端输出往往迭加有直流电平，因此必须考虑输入端的接法。

四、设计报告要求

1. 根据所要求设计的电路，写出设计原理，画出电路图，并计算出元件参数。

2. 用 Multisim 软件进行仿真，记录仿真结果。

3. 自拟实验测试步骤。

4. 记录测试数据，绘出所观察到的输出波形图。

5. 分析实验结果，得出相应结论。

6. 总结调试过程中遇到的问题及解决方法。

五、实验设备及主要元器件

1. 示波器　　　　　　　　　　　　　　　　一台
2. 函数信号发生器　　　　　　　　　　　　一台
3. 交流毫伏表　　　　　　　　　　　　　　一台
4. 直流稳压电源　　　　　　　　　　　　　一台
5. 万用表　　　　　　　　　　　　　　　　一只
6. 实验箱　　　　　　　　　　　　　　　　一台
7. LM324 运算放大器
8. 元件　见附录三（元件清单）

实验二 精密全波整流电路

一、设计实验目的

学习运算放大器整流电路的构成及原理。从而进一步了解运算放大器的多种应用。

二、设计实验原理

一般利用二极管的单向导电性来组成整流电路，由于二极管的伏安特性在小信号时处于截止或处于特性曲线的弯曲部分，使小信号检波得不到原信号或使原信号失真太大。如果把二极管置于运算放大器的负反馈环路中，就能大大削弱这种影响，提高非线性电路的精度。

图 2-2-1 是同相输入精密全波整流器，它的输入 V_i 与输出电压 V_o，有如下关系：

$$V_o = \begin{cases} V_i & V_i > 0 \\ -V_i & V_i < 0 \end{cases}$$

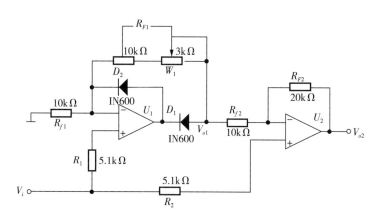

图 2-2-1 精密全波整流器电路图

运放 A_1，A_2 工作于串联负反馈状态，具有较高的输入电阻。A_1 是同相放大器，A_2 是同相加法运算电路。

当 $V_i > 0$ 时，D_1 截止 D_2 导通，此时 A_1 形成一个电压跟随器，$V_{01} = V_i$，A_2 的反相端输入电压为 A_1 的反相端电压，亦即输入电压 V_i，A_2 的同相端输入电压也为 V_i，所以 A_2 的输出电压 V_{02} 为

$$V_{02} = \left[1 + \frac{R_{F2}}{R_{F1} + R_{f2}}\right]V_i - \frac{R_{F2}}{R_{F1} + R_{f2}}V_i = V_i$$

当 $V_i < 0$ 时，D_1 导通 D_2 截止，此时 A_1 是个同相放大器。

$$V_{01} = \left[1 + \frac{R_{F1}}{R_{f1}}\right]V_i$$

当 $R_{F1} = R_{f1}$ 时，$V_{01} = 2V_i$。

A_2 的同相端的输入电压仍为 V_i，反相端的输入电压为 V_{01}，所以 A_2 的输出电压为

$$V_{02} = \left[1 + \frac{R_{F2}}{R_{f2}}\right]V_i - \frac{R_{F2}}{R_{f2}} \cdot V_{01} = \left[1 + \frac{R_{F2}}{R_{f2}}\right]V_i - \frac{R_{F2}}{R_{f2}}\left[1 + \frac{R_{F1}}{R_{f1}}\right]V_i$$

如选择如下匹配电阻：$R_{F2} = 2R_{F1} = 2R_{f1} = 2R_{f2}$ 则

$$V_{02} = 3V_i - 4V_i = -V_i$$

从以上分析可知，在输出端得到单向的电压，实现了全波整流。该电路的传输特性，及输入输出波形如图 2-2-2 所示。

整流的精度主要决定于电阻 R_{F1}，R_{F2}，R_{f1}，R_{f2} 的匹配精度。这种电路，在运算放大器的输出动态范围内，整流不会出现非线性失真引起的误差。本实验中的 W_1 是为了弥补电路中电阻的匹配精度不够而加的。

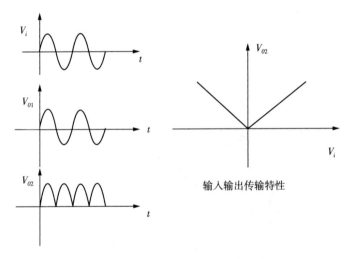

图 2-2-2　精密整流器波形及传输特性

三、设计内容及要求

1. 设计一个精密全波整流电路，要求输出信号 V_{01} 频率在 1kHz，输出峰峰值电压分别调在 1V，2V，3V。

2. 设计一个精密全波整流电路，要求输出信号 V_{02} 频率为 1kHz，输出峰峰值电压分别调在 100mV，200mV，500mV。

四、设计报告要求

1. 根据所要求设计的电路，写出设计原理，画出电路图，并计算出元件参数。

2. 用 Multisim 软件进行仿真，记录仿真结果。

3. 自拟实验测试步骤。

4. 记录测试数据，绘出所观察到的输出波形图。

5. 分析实验结果，得出相应结论。

6. 总结调试过程中遇到的问题及解决方法。

五、实验设备及主要元器件

1. 示波器　　　　　　　　　　　　　一台
2. 函数信号发生器　　　　　　　　　一台
3. 交流毫伏表　　　　　　　　　　　一台
4. 直流稳压电源　　　　　　　　　　一台
5. 万用表　　　　　　　　　　　　　一只
6. 实验箱　　　　　　　　　　　　　一台
7. LM324 运算放大器
8. 元件　见附录三（元件清单）

实验三　有源滤波电路设计

一、设计实验目的

通过实验，学习有源滤波器的设计方法，体会调试方法在电路设计中的重要性，了解品质因数 Q 对滤波器特性的影响。

二、设计实验原理

滤波器是一种使有用频率信号通过，同时抑制无用频率成分的电路。由 RC 元件和集成运放组成的滤波器称为 RC 有源滤波器。这类滤波器主要用于低频范围。滤波器按频率范围可分为低通滤波器、高通滤波器、带通带阻滤波器三种。

滤波器的主要性能指标有截止频率、通带增益及品质因数。

下面以二阶压控电压源滤波器为例，简单介绍滤波器的设计与调试。

1. 二阶压控电压源低通滤波器的设计

（1）电路分析

二阶压控电压源低通滤波器电路如图 2-3-1 所示。该电路具有元件少、增益稳定、频率范围宽等优点。电路中 C_1，C_2，R_1，R_2 构成反馈网络。运算放大器接成电压跟随器形式，在通频带内增益等于 1。

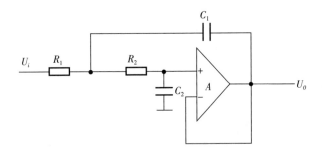

图 2-3-1　二阶压控电压源低通滤波器电路

（2）电路传递函数和特性分析

可以证明，二阶低通滤波器的传递函数由式（2-3-1）决定：

$$A_u\ (s) = \frac{A_{up}}{1 + \frac{1}{Q}\frac{s}{\omega_0} + \left(\frac{s}{\omega_0}\right)^2} \qquad (2-3-1)$$

式中，A_{up} 为通带增益，表示滤波器在通带内的放大能力，图 2-3-1 所示滤波器 $A_{up}=1$；ω_0 为截止角频率，表示滤波器的通带与阻带的分界频率；Q 为品质因数，是一个选择因子，其值的大小决定幅频特性曲线的形状。

将 $s=j\omega$，$A_{up}=1$ 代入式（2-3-1），整理后得式（2-3-2）：

$$A_{u(j\omega)} = \frac{1}{\left(1 - \dfrac{\omega^2}{\omega_0^2}\right) + j\dfrac{\omega}{Q\omega_0}} \tag{2-3-2}$$

由式（2-3-2）可写出滤波器幅频特性和相频特性表达式（2-3-3）、式（2-3-4）为

$$|A_u| = \frac{1}{\sqrt{\left(1 - \dfrac{\omega^2}{\omega_0^2}\right)^2 + \left(\dfrac{\omega}{\omega_0 Q}\right)^2}} \tag{2-3-3}$$

$$\varphi(\omega) = -\arctan\left[\frac{\dfrac{\omega}{Q\omega_0}}{1 - \dfrac{\omega^2}{\omega_0^2}}\right] \tag{2-3-4}$$

由式（2-3-3）可知，在阻带内幅频特性曲线以-40dB/10 倍频的斜率衰减。当 $\omega = \omega_0$ 时由式（2-3-3）可得

$$A_u(\omega_0) = Q$$

由此可见，保持 ω_0 不变，改变 Q 值将影响滤波器在截止频率附近幅频特性的形状。$Q = 1/\sqrt{2}$ 时，特性曲线最平坦，此时 $|A_u(\omega_0)| = 0.707A_{up}$。

如果 $Q > 1/\sqrt{2}$，则使得频率特性曲线在截止频率处产生凸峰，此时幅频特性下降到 $0.707A_{up}$ 处的频率就大于 f_0；如果 $Q < 1/\sqrt{2}$，则幅频特性下降到 $0.707A_{up}$ 处的频率就小于 f_0。上述分析说明，二阶低通滤波器的各项性能指标主要由 Q 和 ω_0 决定。

可以证明，图 2-3-1 所示电路的 Q 和 ω_0 值分别由式（2-3-5）、式（2-3-6）决定：

$$\omega_0 = \frac{1}{\sqrt{R_1 R_2 C_1 C_2}} \tag{2-3-5}$$

$$\frac{1}{Q} = \sqrt{\frac{C_2 R_2}{C_1 R_1}} + \sqrt{\frac{C_2 R_1}{C_1 R_2}} \tag{2-3-6}$$

若取 $R_1 = R_2 = R$，则式（2-3-5）和式（2-3-6）为

$$\omega_0 = \frac{1}{R\sqrt{C_1 C_2}} \tag{2-3-7}$$

$$\frac{1}{Q} = 2\sqrt{\frac{C_2}{C_1}} \tag{2-3-8}$$

（3）设计方法

1）选择电路

选择电路的原则应力求结构简单，调整方便，容易满足指标要求。例如，选择二阶压控电压源低通滤波器电路如图 2-3-1 所示。

2）根据已知条件确定电路元件参数

例如，已知截止频率为 f_0，先确定 R 的值，然后根据已知条件由式（2-3-7）和式（2-3-8）求出 C_1 和 C_2 为

$$C_1 = \frac{2Q}{\omega_0 R} \tag{2-3-9}$$

$$C_2 = \frac{1}{2Q\omega_0 R} \tag{2-3-10}$$

3）集成运算放大器的选取原则

① 如图 2-3-1 所示，滤波信号是从运算放大器的同相端输入的。所以，应该选用共模输入范围较大的运算放大器。

② 运算放大器的增益带宽积应满足 $A_{od}f_{BW} \geqslant A_{up}f_0$。在实际设计时，一般取

$$A_{od}f_{BW} \geqslant 100A_{up}$$

4）调试方法

① 定性检查电路是否具备低通特性。组装电路，接通电源，输入端接地，调零，消振。在输入端加入固定幅值的正弦电压信号，改变信号的频率，用示波器或毫伏表粗略观察 U_o 的变化，检验电路是否具备低通特性。如不具备，应排除电路存在的故障；若已具备低通特性，可继续调试其他指标。

② 调整特征频率。在特征频率附近调信号频率，使输出电压 $U_o = 0.707U_i$。当 $U_o = 0.707U_i$ 时，频率低于 f_0，应适当减小 R_1 和 R_2；反之，则可在 C_1，C_2 上并以小容量电容，或在 R_1，R_2 上串低值电阻。注意：若保证 Q 值不变，C_1 和 C_2 必须同步调整，直至达到设计指标为止。

③ 测绘幅频特性曲线。

2. 二阶压控电压源高通滤波器的设计

（1）电路分析

二阶压控电压源高通滤波器电路如图 2-3-2 所示。从电路图看，高通滤波器与低通滤波器电路形式变化不大，只要把两者电阻与电容元件的位置调换了。因此该电路的分析方法与设计步骤与前述低通滤波器电路基本相同。电路中 C_1，C_2，R_1，R_2 构成反馈网络，运算放大器接成跟随器形式，其闭环增益等于 1。

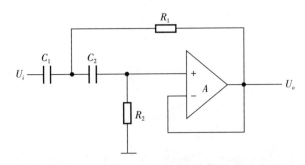

图 2-3-2 二阶压控电压源高通滤波器电路

（2）电路传递函数和特性分析

二阶高通滤波器的传递函数由式（2-3-11）决定：

$$A_u\ (s) = \cfrac{A_{up}}{1 + \cfrac{1}{Q}\cfrac{\omega_0}{s} + \left(\cfrac{\omega_0}{s}\right)^2} \tag{2-3-11}$$

将 $s = j\omega$，$A_{up} = 1$ 代入式（2-3-11），整理后得

$$A_{u(j\omega)} = \cfrac{1}{\left(1 - \cfrac{\omega^2}{\omega_0^2}\right)} - j\cfrac{\omega}{Q\omega_0} \tag{2-3-12}$$

由式（2-3-12）写出二阶高通滤波器幅频特性和相频特性表达式为

$$|A_u| = \cfrac{1}{\sqrt{\left(1 - \cfrac{\omega_0^2}{\omega^2}\right)^2 + \left(\cfrac{\omega_0}{Q\omega}\right)^2}} \tag{2-3-13}$$

$$\varphi\ (\omega) = -\arctan\left[\cfrac{\cfrac{\omega_0}{Q\omega}}{1 - \cfrac{\omega_0^2}{\omega^2}}\right] \tag{2-3-14}$$

由式（2-3-14）可知，幅频特性曲线在阻带内以 $-40\text{dB}/10$ 倍频的斜率衰减。图 2-3-2 所示电路的 ω_0 与 Q 值分别由式（2-3-15）、式（2-3-16）表示：

$$\omega_0 = \cfrac{1}{\sqrt{R_1 R_2 C_1 C_2}} \tag{2-3-15}$$

$$\cfrac{1}{Q} = \sqrt{\cfrac{C_1 R_1}{C_2 R_2}} + \sqrt{\cfrac{C_2 R_1}{C_1 R_2}} \tag{2-3-16}$$

当 $C_1 = C_2 = C$ 时，式（2-3-15）、式（2-3-16）为

$$\omega_0 = \cfrac{1}{C\sqrt{R_1 R_2}} \tag{2-3-17}$$

$$\cfrac{1}{Q} = 2\sqrt{\cfrac{R_1}{R_2}} \tag{2-3-18}$$

（3）设计方法

① 选择电路如图 2-3-2 所示。

② 确定电容 C 值。选择 $Q = 1/\sqrt{2}$，在根据所要求的特性角频率 $\omega_0 = 2\pi f_0$，由式（2-3-17）和式（2-3-18）求得 R_1，R_2 的值：

$$R_1 = \cfrac{1}{2Q\omega_0 C} \tag{2-3-19}$$

$$R_2 = \cfrac{2Q}{\omega_0 C} \tag{2-3-20}$$

注意：如果求得 R_1，R_2 值太大或太小，说明 C 值确定的不合适，可重新选择 C 值，计算 R_1 和 R_2。

③ 运算放大器的选择。除了满足低通滤波器的几点要求外，还应注意由于集成运算放大器频带宽度的限制。高通滤波器的通带截止频率 f_h 不可能是无穷大，而是一个有限值，它取决于运算放大器的增益带宽积 $A_{od} f_{BW} = A_{up} f_h$。因此，要得到通带范围很宽的高通滤波器，必须选用宽带运算放大器。

④ 调试方法：a. 调试方法同低通滤波器，若保证 Q 值不变，应注意 R_1 和 R_2 同步调节，保证比值不变；b. 测绘幅频特性曲线，方法同前。

三、设计内容及要求

1. 设计一个有源二阶低通滤波器，已知条件和设计要求如下：

截止频率 $f_H = 1000\,\text{Hz}$

通带增益 $A_{up} = 1$

品质因数 $Q = 0.707$

2. 设计一个有源二阶高通滤波器，已知条件和设计要求如下：

截止频率 $f_L = 100\,\text{Hz}$

通带增益 $A_{up} = 10$

品质因数 $Q = 0.707$

四、设计报告要求

1. 根据所要求设计的电路，写出设计原理，画出电路图，并计算出元件参数。
2. 用 Multisim 软件进行仿真，记录仿真结果。
3. 自拟实验测试步骤。
4. 记录测试数据，绘出所观察到的输出波形图。
5. 分析实验结果，得出相应结论。
6. 总结调试过程中遇到的问题及解决方法。

五、实验设备及主要元器件

1. 示波器   一台
2. 函数信号发生器   一台
3. 交流毫伏表   一台
4. 直流稳压电源   一台
5. 万用表   一只
6. 实验箱   一台
7. LM324 运算放大器
8. 元件   见附录三（元件清单）

实验四 正弦波和方波发生器的设计

一、设计实验目的

1. 进一步掌握集成运放工作原理及应用。
2. 初步掌握电子线路设计方法及步骤。

二、设计实验原理

根据自激振荡原理,采用正、负反馈相结合,将一些线性的和非线性的元件与集成运放进行不同组合,就能产生各种波形。

1. 正弦波发生器

正弦波发生电路能产生正弦波输出,它是在放大电路的基础上加上正反馈而形成的,它是各类波形发生器和信号源的核心电路。其原理框图如图 2-4-1 所示。

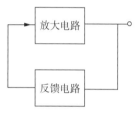

图 2-4-1 原理框图

为了产生理想的正弦波,必须在放大电路里加入正反馈,因此放大电路和正反馈网络是振荡电路的最主要部分。但是,这样两部分构成的振荡器一般得不到正弦波,这是由于很难控制正反馈的量。如果正反馈量大,则增幅,输出幅度越来越大,最后由三极管的非线性限幅,这必然产生非线性失真。反之,如果正反馈量不足,则减幅,可能停振,为此振荡电路要有一个稳幅电路。为了获得单一频率的正弦波输出,应该有选频网络,选频网络往往和正反馈网络或放大电路合而为一。选频网络由 R,C 或 L,C 等电抗性元件组成。RC 桥式正弦波振荡电路以 RC 串并联为反馈网络和正反馈网络,以电压串联负反馈放大电路为放大环节,具有振荡频率稳定,带负载能力强,输出电压失真小等优点,因此获得相当广泛的应用。为了提高 RC 桥式正弦波振荡电路的振荡频率,必须减小 R 和 C 的数值。振荡频率 f_0 高到一定程度时,其值不仅决定于选频网络,还与放大电路的参数有关。因此,当振荡频率较高时,应选用 LC 正弦波振荡电路。

2. 方波发生器

因为矩形波电压只有两种状态,不是高电平,就是低电平,所以电压比较器是矩形波发生电路的重要组成部分,因为产生振荡,要求输出的两种状态自动地相互转换,所以电路中必须引入反馈,因为输出状态应按一定的时间间隔交替变化,即产生周期性变化,所以电路中要有延迟环节来确定每种状态维持的时间。图 2-4-2

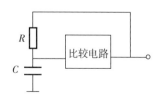

图 2-4-2 原理框图

中电路有比较器和 RC 电路组成,RC 回路既作为延迟环节,又作为反馈网络,通过 RC 充、放电实现输出状态的自动转换。把输出信号的占空比设计为 1/2 的矩形波即方波信号。

三、设计内容及要求

1. 设计一个正弦波信号产生电路

要求：输出信号为正弦波，频率为 100Hz～1000kHz 连续可调。输出电压的峰峰值在 1.5V～6V 可调。

2. 设计一个方波信号产生电路

要求：输出信号为方波，频率在 100Hz～1000kHz 连续可调。

四、设计报告要求

1. 根据所要求设计的电路，写出设计原理，画出电路图，并计算出元件参数。

2. 用 Multisim 软件进行仿真，记录仿真结果。

3. 自拟实验测试步骤。

4. 记录测试数据，绘出所观察到的输出波形图。

5. 分析实验结果，得出相应结论。

6. 总结调试过程中遇到的问题及解决方法。

五、实验设备及主要元器件

1. 直流稳压电源   一台
2. 双踪示波器   一台
3. 万用表   一只
4. 实验箱   一台
5. LM324 运算放大器
6. 二极管   IN4148
7. 稳压管   6V
8. 元件 见附录三（元件清单）

实验五　移相器的设计与测试

一、设计实验目的

1. 学习设计移相器电路的方法
2. 掌握移相器电路的测试方法
3. 通过设计、搭接、组装及调试移相器，培养设计能力和实践能力

二、设计实验原理

线性时不变网络在正弦信号激励下，其响应电压、电流与激励信号源同频率的正弦量，响应与频率的关系，即频率特性，它可用相量形式的网络函数来表示。在电气工程与电子工程中，往往需要在某确定频率正弦激励信号作用下，获得有一定幅值、输出电压相对于输入电压的相位差在一定范围内连续可调的响应（输出）信号。

三、设计内容及要求

1. 设计一个由运放组成的移相器，该移相器输入正弦信号源电压 $u_i = 6\text{V}$，频率为 1kHz，输出电压相对于输入电压的相移在 0°至 180°范围内可调。
2. 设计计算元件值、确定元件、搭接线路，测试移相器是否满足设计要求。

四、设计报告要求

1. 根据所要求设计的电路，写出设计原理，画出电路图，并计算出元件参数。
2. 用 Multisim 软件进行仿真，记录仿真结果。
3. 自拟实验测试步骤。
4. 记录测试数据，绘出所观察到的输出波形图。
5. 分析实验结果，得出相应结论。
6. 总结调试过程中遇到的问题及解决方法。

五、实验设备及主要元器件

1. 直流稳压电源　　　　　　　　　　　　一台
2. 双踪示波器　　　　　　　　　　　　　一台
3. 万用表　　　　　　　　　　　　　　　一只
4. 实验箱　　　　　　　　　　　　　　　一台
5. 信号发生器　　　　　　　　　　　　　一台
6. LM741 运算放大器

第三部分

设计制作型实验

这部分实验中，学生可以根据自己的兴趣和探索方向来设定（或由教师给出）实验项目，内容涉及本科程内及以外的知识点，包括多项实验操作技能的实验。学生选择该项目后，需预先查阅资料、制定和提交实验方案，选择实验仪器和元器件，在指导老师审阅批准后进行实验。

　　设计制作型实验的目的是引发学生的想象力和创造力，让学生在掌握新技术的过程中，得到科学研究的训练。

实验一 应用运算放大器组成万用电表的设计

一、设计实验目的

1. 设计由运算放大器组成的万用电表。
2. 组装与调试由运算放大器组成的万用电表。

二、设计实验原理

在测量中,电表的接入应不影响被测电路的原工作状态,这就要求电压表具有无穷大的输入电阻,而电流表的内阻应为零。但实际上,万用电表表头的可动线圈总有一定的电阻,例如 2mA 的表头,用它进行测量时将影响被测量物,引起误差。此外,交流电表中的整流二极管的压降和非线性特性也会产生误差。如果在万用电表中使用运算放大器,就能大大降低这些误差,提高测量精度。在欧姆表中采用运算放大器,不仅能得到线性刻度,还能实现自动调零。

1. 直流电压表

如图 3-1-1 所示为同相输入,高精度直流电压表原理图。

为了减小表头参数对测量精度的影响,将表头置于运算放大器的反馈回路中,这时,流经表头的电流与表头的参数无关,只要改变 R_1 的一个电阻,就可进行量程的切换。

表头电流 I 与被测电压 U_i 的关系为

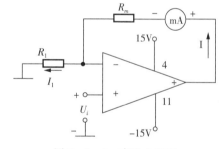

图 3-1-1 直流电压表

$$I = U_i / R_1$$

应当指出:图 3-1-1 适用于测量电路与运算放大器共地的有关电路。此外,当被测电压较高时,在运放的输入端应设置衰减器。

2. 直流电流表

图 3-1-2 是浮地直流电流表的电原理图。在电流测量中,浮地电流的测量是普遍存在的,如若被测电流无接地点,就属于这种情况。为此,应把运算放大器的电源也对地浮动。按此种方式构成的电流表就像按常规电流表那样,串联在任何电流通路中测量电流。

表头电流 I 与被测电流 I_1 间的关系为

$$-I_1 R_1 = (I_1 - I) R_2, \quad I = \left(1 + \frac{R_1}{R_2}\right) I_1$$

可见,改变电阻比 R_1 / R_2,可调节流过电流表的电流,以提高灵敏度。如果被测电流较大时,应给电流表表头并联分流电阻。

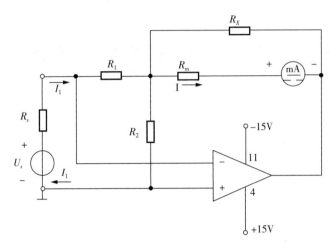

图 3 - 1 - 2　直流电流表

3. 交流电压表

由运算放大器、二极管整流桥和直流毫安表组成的交流电压表如图 3 - 1 - 3 所示。被测交流电压 U_i 加到运算放大器的同相端，故有很高的输入阻抗，又因为负反馈能减小反馈回路中的非线性影响，故把二极管桥路和表头置于运算放大器的反馈回路中，以减小二极管本身非线性的影响。

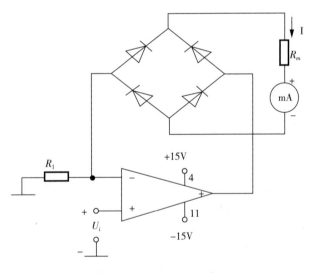

图 3 - 1 - 3　交流电压表

表头电流 I 与被测电压 U_i 的关系为

$$I = 0.9 U_i / R_1$$

电流 I 全部流过桥路，其值仅与 U_i / R_1 有关，与桥路和表头参数（如二极管的死区等非线性参数）无关。表头中电流与被测电压 U_i 的全波整流平均值成正比，若 U_i 为正弦波，则表头可按有效值来刻度。被测电压的上限频率仅决定于运算放大器的频带和上升速率。

4. 交流电流表

如图 3-1-4 所示为浮地交流电流表，表头读数由被测交流电流 i 的全波整流平均值 I_{1AV} 决定，即 $I=\left(1+\dfrac{R_1}{R_2}\right)I_{1AV}$。如果被测电流 i 为正弦电流，即 $i_1=\sqrt{2}\,I_1\sin\omega t$，则上式可写为：$I=0.9\,(1+R_1/R_2)\,I_1$。因此，表头可按有效值来刻度。

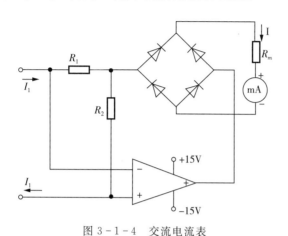

图 3-1-4 交流电流表

5. 欧姆表

如图 3-1-5 所示为多量程的欧姆表。在此电路中，运算放大器改由单电源供电，被测电阻 R_x 跨接在运算放大器的反馈回路中，同相端加基准电压 U_{REF}。由于 $U_P=U_N=U_{REF}$，$I_1=I_x$，$\dfrac{U_{REF}}{R_1}=\dfrac{U_o-U_{REF}}{R_x}$，即 $R_x=\dfrac{R_1}{U_{REF}}\,(U_o-U_{REF})$。因此，流经表头的电流为 $I=\dfrac{U_o-U_{REF}}{R_2+R_m}$。由上两式消去 (U_o-U_{REF}) 可得

$$I=\frac{U_{REF}R_x}{R_1\,(R_m+R_2)}$$

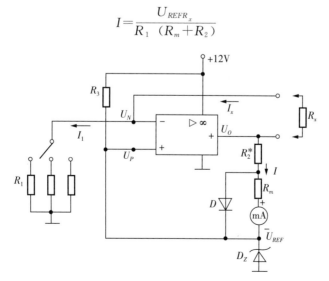

图 3-1-5 欧姆表

可见，电流 I 与被测电阻成正比，而且表头具有线性刻度改变 R_1 值，可改变欧姆表的量程。这种欧姆表能自动调零，当 $R_x = 0$ 时，电路变成电压跟随器，即 $U_o = U_{REF}$，故表头电流为零，从而实现了自动调零。

二极管 VD 起保护电表的作用，如果没有 VD，当 R_x 超量程时，特别是当 $R_x \to \infty$，运算放大器的输出电压将接近电源电压，使表头过载。有了 VD 就可以使输出箝位，防止表头过载。调整 R_2，可实现满量程调节。

三、设计内容及要求

* 1. 直流电压表　　　　满量程 +6V；
 2. 直流电流表　　　　满量程 10mA；
 3. 交流电压表　　　　满量程 6V，50Hz～1kHz；
 4. 交流电流表　　　　满量程 10mA　50Hz～500Hz；
* 5. 欧姆表　　　　　　满量程分别为 1kΩ，10kΩ，100kΩ。

（打 * 为选做部分）

五、设计预习要求

1. 根据所要求设计的电路，写出设计原理，画出电路图，并计算出元件参数。
2. 用 Multisim 软件进行仿真。
3. 自拟实验测试步骤。

六、设计报告要求

1. 记录测试数据。
2. 分析实验结果，得出相应结论。
3. 将万用电表与标准表作测试比较，计算万用电表各功能档的相对误差，分析误差原因。
4. 总结调试过程中所遇到的问题及解决方法。

七、实验设备及主要元器件

1. 信号发生器　　　　　　　　　　　　　　　一台
2. 双踪示波器　　　　　　　　　　　　　　　一台
3. 万用表　　　　　　　　　　　　　　　　　一只
4. 交流毫伏表　　　　　　　　　　　　　　　一台
5. 实验箱　　　　　　　　　　　　　　　　　一台
6. 表头灵敏度为 1mA，内阻为 100Ω（也可以用数字万用表 2mA 直流电流档）
7. LM324 运算放大器
8. 桥堆　　　　　　　　　　　　　　　　　　W08
9. 元件　见附录三（元件清单）

实验二　集成稳压电源

一、设计实验目的

1. 研究集成稳压器的特点及性能指标的测试方法。
2. 了解集成稳压器扩展性能的方法。

二、设计实验原理

随着半导体工艺的发展，稳压电路也制成了集成器件，由于集成稳压器具有体积小、外接线路简单、使用方便、工作可靠和通用性能强等优点，因此，在各种电子设备中应用十分普遍。集成稳压器的种类很多，应根据设备对直流电源的要求来选择。

W7800，W7900 系列（如图 3 - 2 - 1 所示），其三端稳压器的输出电压是固定的。W7800 系列三端稳压器输出正极性电压，一般有 5V，6V，9V，12V，15V，18V 和 24V，输出最大电流可达 1.5A（如图 3 - 2 - 2 所示）。同类型的 78M 系列稳压器的输出电流为 0.5A，78L 系列稳压器的输出电流为 0.1A。若要求负极性输出电压，可选用 7900 系列稳压器。

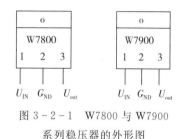

图 3 - 2 - 1　W7800 与 W7900
系列稳压器的外形图

在使用这一系列三端稳压器时，一般 U_{ON} 要比 U_{out} 大 3～5V 才能保证集成稳压器工作在线性区。

表 3 - 2 - 1 列出了 W7800 系列三端稳压器的型号参数。

表 3 - 2 - 1　W7800 系列三端稳压器的型号参数

型号	输出直流电流	输出电压						
7800	1.5	+5	+6	+9	+12	+15	+18	+24
78M00	0.5	+5	+6	+9	+12	+15	+18	+24
78L00	0.1	+5	+6	+9	+12	+15	+18	+24

表 3 - 2 - 2 列出了 W7900 系列稳压器的型号参数。

表 3 - 2 - 2　W7900 系列稳压器的型号参数

型号	输出直流电流	输出电压						
7900	1.5	-5	-6	-9	-12	-15	-18	-24
79M00	0.5	-5	-6	-9	-12	-15	-18	-24
79L00	0.1	-5	-6	-9	-12	-15	-18	-24

表 3 - 2 - 3 列出了 W7800 系列极限参数。

表 3-2-3　W7800 系列极限参数

参数名称		规范值
最大输入电压	$U_o = 5 \sim 18\text{V}$	35V
	$U_o = 24\text{V}$	40V
最小输入、输出电压差		2V

表 3-2-4 列出了 W7900 系列极限参数。

表 3-2-4　W7900 系列极限参数

参数名称		规范值
最大输入电压	$U_o = -(5 \sim 18)\text{V}$	-35V
	$U_o = -24\text{V}$	-40V
最小输入、输出电压差		2V

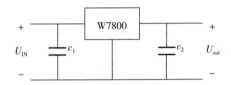

图 3-2-2　W7800 系列三端稳压器的典型应用

三端可调正输出电压集成稳压器是在固定输出稳压器的基础上发展起来的。除具备三端固定输出稳压器的优点外，可通过方便的调节，在较大的电压范围内得到任意值，输出电压精度高，应用面广，而且在电性能方面也有较大的提高。表 3-2-5 列出了国产三端可调正、负输出电压集成稳压器的型号和主要特点。

表 3-2-5　国产三端可调正、负输出电压集成稳压器

型号	输出电压（V）	输出电流（A）	工作满度（℃）
CW117	1.2~3.7	1.5	-55~150
CW217	1.2~3.7	1.5	-25~150
CW317	1.2~3.7	1.5	0~150
CW137	-(1.2~3.7)	1.5	-55~150
CW237	-(1.2~3.7)	1.5	-25~150
CW337	-(1.2~3.7)	1.5	0~150

如图 3-2-3 所示，R_1 和 R_2 为调整输出电压值的电阻，R_1 通常取值为 240Ω，则改变 R_2 值用来调整输出电压

$$U = 1.25 \left(1 + \frac{R_2}{R_1} + I_{A_{dj}} R_2\right) \text{ (V)}$$

$I_{A_{dj}} \approx 50 \mu A$　可忽略，则有

$$U \approx 1.25 \left(1 + \frac{R_2}{R_1}\right) \ (V)$$

R_1 和 R_2 的先取原则是使 $I_R \gg I_{A_{dj}}$

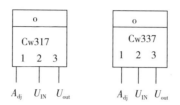

图 3-2-3　CW317，CW337 系列
三端稳压器的外形图

三、设计内容及要求

1. 设计一组固定输出的直流稳压电源

设计参数：输出电源/电流，+5V/0.5A。

2. 设计一组可调输出的直流稳压电源

设计参数：输出电源/电流，+1.25V~35.5V/0.5A。

四、设计预习要求

1. 了解三端稳压块的工作原理。

2. 设计出所要求电源的器件参数值。

五、设计报告要求

1. 设计内容与要求。

2. 方案比较。

3. 电路设计。

4. 电路测试及结果分析。

5. 总结。

六、实验设备及主要元器件

1. 信号发生器　　　　　　　　　　　　　　　　一台

2. 双踪示波器　　　　　　　　　　　　　　　　一台

3. 万用表　　　　　　　　　　　　　　　　　　一只

4. 实验箱　　　　　　　　　　　　　　　　　　一台

5. LM317 运算放大器

6. 元件　见附录三（元件清单）

实验三 设计并制作双声道音频功率放大器

设计任务：

查阅功放集成芯片 CM8602B，TEA2025B，CD4440，TDA2822 和 TDA2030A 的相关资料，选择其中一种功放集成芯片设计并制作双声道音频功率放大器。

基本要求：

1. 声音信号可直接由话筒或线路输入；

2. 最大不失真输出功率 $P_o \geqslant 1\mathrm{W}$（电源电压为 5V 时，最大不失真输出功率 $P_o \geqslant 200\mathrm{mW}$）；

3. 额定负载电阻：$R_L = 8\Omega$；

4. 频带宽度：$50\mathrm{Hz} \sim 20\mathrm{kHz}$；

5. 非线性失真度：小于 5%。

第四部分

Multisim 仿真实验

仿真实验是现代实验的一种手段，它是利用计算机软件中元件库、仪器库等实现实验接线或电路设计及电路测试。低年级学生利用它既可以复习理论，又可以预习实验。用计算机仿真实验不仅可节约时间，而且可避免元件的损坏，还可在不同的环境下仿真实验，例如在阅览室、宿舍、计算房等，实验器材和仪器也不受老师的限制。

　　因此，学生应该掌握利用计算机做实验的方法。当然，仿真实验不能完全代替实际实验操作。

仿真软件介绍

  Multisim 是近年比较流行的仿真软件之一,它在计算机上虚拟出一个元件、设备齐备的硬件工作台,采用它进行辅助教学,可以加深学生对电路结构、原理的认识与理解,训练学生熟练地使用仪器和正确的测量方法。由于 Multisim 软件是基于 Windows 操作环境,要用的元器件、仪器等,所见即所得,只要用鼠标点击,随时可以取来,完成参数设置,组成电路,启动运行、分析和测试。本章利用 Multisim10 仿真软件对相关电路进行仿真实验和性能测试,通过软件仿真加深对电路原理的认识和理解。但实际工作中要考虑元器件的非理想化、引线及分布参数的影响。

一、Multisim10 软件的特点

  Multisim10 软件包是加拿大 IT 公司在推出 EWB5.0 的基础上再次推出的一款更新、更高版本的电路设计与仿真软件,拥有丰富的仿真手段和强大的分析功能,它不仅可以对直流电路、交流稳态电路、暂态电路进行仿真,也可以对模拟、数字和混合电路进行电路的性能仿真和分析。Multisim10 软件提供了多种交互式元件,使用者可以用过键盘简单地改变交互式元件的参数,并应用虚拟仪器得到相应的仿真结果。Multisim10 具有以下特点:

  (1) 全面集成化的设计环境,完成从原理设计图设计输入输出、电路仿真到电路功能测试等工作。

  (2) 图形工作界面友好、易学、易用、操作方便。采用直观的图形界面创建电路,在计算机屏幕上模拟仿真实验室工作平台,绘制电路图需要的元器件,电路仿真需要的测试仪器均可直接从屏幕上选取。

  (3) 丰富的元件库,从无源器件到有源器件,从模拟器件到数字器件,从分立元件到集成电路,还有微机接口元件、射频元件等。

  (4) 虚拟电子设备齐全,有示波器、万用表、函数发生器、频谱仪、失真度仪和逻辑分析仪等。这些仪器和实物外形非常相似,输出格式保存方便。

  (5) 电路分析手段完备。除了可以用多种常用测试仪表(如示波器、数字万用表等)对电路进行测试以外,还提供全面的电路分析方法,既有常规的交流、直流分析,瞬态分析,失真分析,又有灵敏度分析、噪声指数分析、傅里叶分析等高级分析工具,尤其是蒙特卡罗分析,考虑元件参数的分散性,对电路性能的分析更加接近实际电路。

  (6) 提供多种输入/输出接口。仿真软件可以输入有 PSpice 等其他电路仿真软件所创建的 Spice 图表文件,并自动生成相应的电路原理图,也可以把 Multisim 环境下创建的电路原理图输出给 Protel 等常见的印刷电路软件印刷电路 PCB 设计。

一、虚拟电路创建

1. 器件操作

(1) 元件的选用:点击 Place 出现下拉菜单,在菜单中点击 Component,移动鼠标到

需要的元件图标上，选中元件，点击确定，将元件拖拽到工作区。

（2）元件的移动：选中后用鼠标拖拽或按"↑""←""↓""→"确定位置。

（3）元件的旋转：选中后顺时针按 Ctrl＋R，逆时针按 Ctrl＋Shift＋R。

（4）元件的复制：选中后按 Copy。

（5）元件的粘贴：Paste。

（6）元件的删除：选中后按 Delete。

（7）在元件选用中就要确定好元件参数，Multisim 中元件型号是美国、欧洲、日本等国型号，注意同中国元件互换关系，以及频率的适用范围。

2. 导线的操作

（1）连接：鼠标指向一元件的端点，出现十字小圆点，按下左键并拖拽导线到另一个元件的端点，出现小红点后点击鼠标左键。

（2）删除导线：将鼠标箭头指向要选中的导线，点击鼠标左键，出现选中导线的多个小方块，按下 Delete 键将选中导线删除。

二、虚拟元件库中的常用元件（如图 4 - 0 - 1 所示）

图 4 - 0 - 1　虚拟元件库中的常用元件

三、虚拟仪器使用

通过实例介绍主要仪器的使用：

1. Multisim10 界面主窗口（如图 4 - 0 - 2 所示）

图 4 - 0 - 2　Multisim10 菜单栏

从左至右，分别是数字万用表（Multimeter）、函数信号发生器（Function Generator）、瓦特表（Wattmeter）、示波器（Oscilloscope）、4 通道示波器（4 Channel Oscilloscope）、波特

图仪（Bode Plotter）、频率计数器（Frequency Counter）、字信号发生器（Word Generator）、逻辑分析仪（Logic Analyzer）、逻辑转换仪（Logic Converter）、IV 分析仪（IV－Analysis）、失真分析仪（Distortion Analyzer）、频谱分析仪（Spectrum Analyzer）、网络分析仪（Network Analyzer）、Agilent 函数发生器（Agilent Function Generator）、Agilent 数字万用表（Agilent Multimeter）、Agilent 示 波 器（Agilent Oscilloscope）、Tektronix 示 波 器（Tektronix Oscilloscope）和节点测量表（Measurement probe）等。

2. 用万用表测量交流、直流电压（如图 4-0-3 和图 4-0-4 所示）

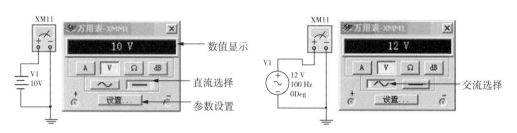

图 4-0-3　万用表测量直流电压　　　　图 4-0-4　万用表测量交流电压

3. 用示波器测量函数信号发生器输出波形

（1）函数信号发生器

函数信号发生器面板上面的三个波形（正弦波、三角波、方波）选择按钮，用于选择仪器产生波形的类型。中间的几个选项窗口，分别用于选择产生信号的频率（1Hz～999MHz）、占空比（1％～99％）、信号幅度（1μV～999kV）（如图 4-0-5 所示）和设置直流偏置电压（－999kV～999kV）。面板下部三个接线端，通常 COM 端连接电路的参考地点，"＋"为正波形端，"－"为负波形端。

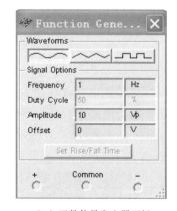

（a）函数信号发生器图标　　　　（b）函数信号发生器面板

图 4-0-5　函数信号发生器图标和面板

（2）示波器

示波器有 4 个连接端：A 通道接线端、B 通道接线端、G 接地端和 T 外触发端。示波器的面板按照功能不同分为 6 个区：时基设置、触发方式设置、A 通道设置、B 通道设

置、测试数据显示及波形显示。(如图 4-0-6 所示)

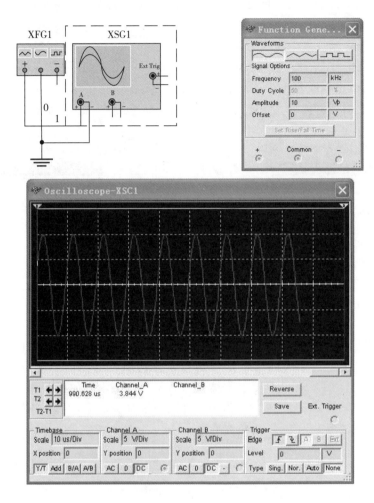

图 4-0-6 信号发生器和示波器实测显示

　　示波器使用时,A 通道接线端和 B 通道接线端分别与电路的测试点相连接,G 接地端与电路的地相接,但当电路中有接地符号,也可不接。示波器面板设置及操作如下:

　　1) Timebase 区:用来设置 X 轴方向时间基线扫描时间。

　　Scale:选择 X 轴方向每一个刻度代表的时间;

　　X position:用于设置 X 轴方向时间基线的起始位置;

　　Y/T:表示 Y 轴方向显示 A、B 通道的输入信号,X 轴方向显示时间基线;

　　B/A:表示将 A 通道信号作为 X 轴扫描信号,将 B 通道信号施加在 Y 轴上;

　　A/B:与 B/A 相反。以上这两种方式可用于观察李莎育图形;

　　ADD:表示 X 轴按设置时间进行扫描,而 Y 轴方向显示 A、B 通道的输入信号之和。

　　2) Channel A 区:用来设置 Y 轴方向 A 通道输入信号的标度。

　　Scale:设置 Y 轴方向对 A 通道输入信号而言每格表示的电压数值;

Y position：用于设置时间基线在形式屏幕中的上下位置；

AC：表示屏幕仅显示输入信号中的交变分量；

DC：表示屏幕将信号的交直流分量全部显示；

0：表示将输入信号对地短路。

3）Channel A 区：用来设置 Y 轴方向 B 通道输入信号的标度。

4）Trigger 区：用来设置示波器的触发方式。

Edge：表示将输入信号的上升沿或下跳沿作为触发信号；

Level：用于选择触发电平的大小；

Sing：选择单脉冲触发；

Nor：选择一般脉冲触发；

Auto：表示触发信号不依赖外部信号，一般情况下使用此方式；

A 或 B：用 A 通道或 B 通道的输入信号作为同步 X 轴时基扫描的触发信号；

Ext：用外触发端之 T 连接的信号作为触发信号来同步 X 轴时基扫描。

5）波形显示区：用来显示被测量的波形。信号波形的颜色可以通过设置通道 A、B 通道连接导线的颜色来改变，方法是快速双击连接导线，在弹出的对话框中设置导线颜色即可。同时，屏幕的背景颜色可以通过单击展开面板右下方的 Reverse 按钮，即可改变屏幕背景的颜色。如果要恢复屏幕背景为原色，再次单击 Reverse 按钮。

移动波形：在动态显示时，单击暂停按钮或按 F6 键，均可通过改变 X position 设置，从而左右移动波形，利用指针拖动显示屏幕下沿的滚动条也可以左右移动波形。

测量波形参数：在屏幕上有两条可以移动的读数指针，指针上方有三角形标志，通过鼠标左键可拖动读数指针左右移动。为了测量方便准确，单击 Pause 或 F6 键使波形冻结，然后再进行测量。

6）测量数据的显示区：用来显示读数指针测量的数据。

在显示屏幕下方有 3 个测量数据的显示区。左侧数据区表示 1 号读数指针所测信号波形的数据。T1 表示 1 号读数指针离开屏幕最左端（时基线零点）所对应的时间，时间单位取决于 Timebase 所设置的时间单位；VA1、VB1 分别表示 1 号读数指针测得的通道 A、通道 B 的信号幅度值，其值为电路中测量点的实际值，与 X、Y 轴的 Scale 设置值无关。

中间数据区表示 2 号读数指针所在位置测得的数据。T2 表示 2 号读数指针离开时基线零点所对应的时间；VA2、VB2 分别表示 2 号读数指针测得的通道 A、通道 B 的信号幅度值。

右侧数据区中，T2－T1 表示 2 号读数指针所在位置与 1 号读数指针所在位置的时间差值，可用来测量信号的周期、脉冲信号的宽度、上升时间及下降时间等参数。VA2－VA1 表示 A 通道信号两次测量值之差，VB2－VB1 表示 B 通道信号两次测量值之差。

存储数据：对于读数指针测量的数据，单击展开面板右下方 Save 按钮即可将其存储，数据存储格式为 ASCII 码格式。

例：双踪示波器测量 AM、FM 信号（如图 4－0－7 所示）。

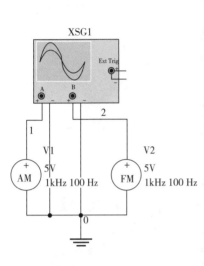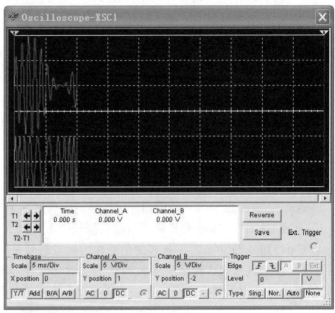

图 4-0-7　双踪示波器测量 AM、FM 信号波形图

（3）瓦特表

瓦特表（Wattmeter）用来测量电路的交直流功率，其图标和仪器面板如图 4-0-8 所示。

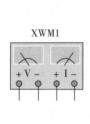

（a）瓦特表图标　　　　　　　（b）瓦特表面板

图 4-0-8　瓦特表图标和面板

瓦特表左边两个端子为电压输入端子，与所要测量并联；右边两个端子为电流输入端子，与所在测量电路串联。Power Factor 框内，将显示功率因数，数值在 0~1。

（4）测量串联谐振电路的幅频特性及-3dB 带宽

波特图示仪的图标和面板如图 4-0-9 所示。

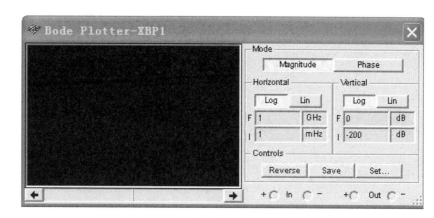

（a）波特图示仪图标 （b）波特图示仪面板

图 4-0-9 波特图示仪图标和面板

1）右上排按钮功能

Magnitude：选择左边显示屏里展示幅频特性曲线；

Phase：选择左边显示屏里展示相频特性曲线；

Save：以 BOD 格式保存测量结果；

Set：设置扫描的分辨率

2）Vertical 区：设定 Y 轴的刻度类型

测量幅频特性时，若单击 Log（对数）按钮后，Y 轴刻度的单位是 dB（分贝），标尺刻度为 $20LogA(f)$ dB，其中 $A(f)=Vo(f)/V_i(f)$；当单击 Lin（线性）按钮后，Y 轴是线性刻度。

测量相频特性时，Y 轴坐标表示相位，单位是度，刻度是线性的。

该区下面的 F 栏用来设置最终值，而 I 栏则用来设置初始值。需要指出的是，若被测电路是无源网络（谐振电路除外），由于 $A(f)$ 的最大值为 1，所以 Y 轴坐标的最终值设置为 0dB，初始值设为负值。对于含有放大环节的网络（电路），$A(f)$ 值可能大于 1，最终值设为正值（+dB）为宜。

3）Horizontal 区：确定波特图示仪显示的 X 轴的频率范围：

若选用击 Log（对数）按钮后，则标尺用 $Logf$ 表示；当选用 Lin（线性）按钮后，即坐标标尺是线性的。当测量信号的频率范围较宽时，用 Log 标尺为宜。I 和 F 分别是 Initial（初始值）和 Final（最终值）的缩写。

4）测量读数：利用鼠标拖动（或单击读数指针移动按钮）读数指针，可测量某个频率点处的幅值或相位，其读数在面板右下方显示。

由于波特图图示仪没有信号源，所以在使用时，必须在电路输入端口示意性地介入一个交流信号源（或函数信号发生器），且无须对其参数进行设置。

例：图 4-0-10 所示为串联谐振电路，理论计算值有谐振频率 $f_0=1.594$kHz，频带宽度 8.68kHz。

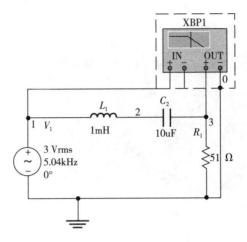

图 4 - 0 - 10 串联谐振电路的幅频特性测量电路

图 4 - 0 - 11 为测量串联谐振电路的谐振频率，移动读数条到谐振曲线的最高点（20lg1＝0dB），此时对应频率为 1.572kHz，有一些误差。

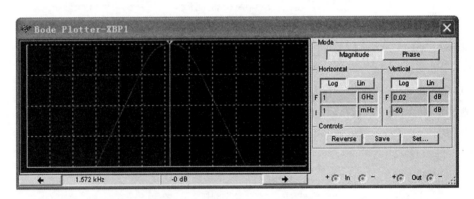

图 4 - 0 - 11 测量串联谐振电路的谐振频率测量图

图 4 - 0 - 12 为测量上边界频率，可见在 20lg0.707＝－3.012dB，此时对应的频率为 8.957kHz，这个频率近似为上边界频率。

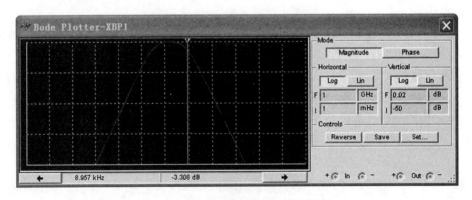

图 4 - 0 - 12 串联谐振电路的上限频率测量图

图 4 - 0 - 13 为测量下边界频率，在 $20\lg 0.707 = -3.012\text{dB}$ 时，对应的频率为 275.935Hz，这个频率近似为下边界频率。频带宽度为 $10.71 - 2.28 = 8.4\text{kHz}$。

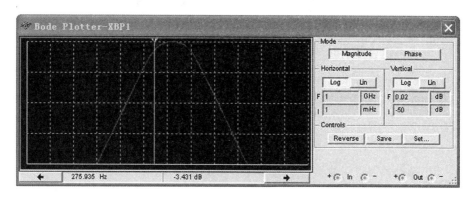

图 4 - 0 - 13　串联谐振电路的上限频率测量图

下面通过几个简单的电路进行电路的建立和仿真分析举例。

实验一 一阶积分微分电路

用示波器观察作为电源的矩形脉冲，周期为 $T=1\text{ms}$。

（1）取元件。元件有基本元件列中取出，如电容可按 $\dashv\vdash$ 取之，电感可按 $\text{\scriptsize\textasciitilde}$ 取之。电池及接地符号取自电源/信号源元件列，可按 $\div$ 取之；电压表、电流表取自指示元件列，可按 取之；示波器取自指示元件列，可按 取之；信号源取自指示元件列，可按 取之。

（2）具体操作。双击示波器得到电源波形（如图 4-1-1 所示）。

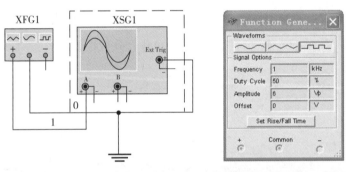

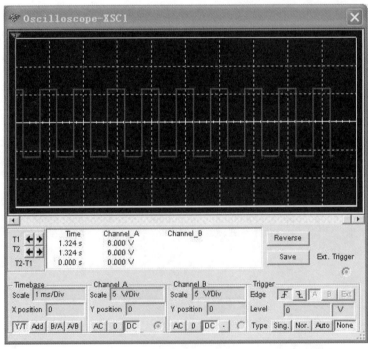

图 4-1-1 示波器观察矩形波信号测量图

1. 按图 4-1-2 所示接线，使 $R=10\text{k}\Omega$，$C=0.01\mu\text{F}$，$0.1\mu\text{F}$，$1\mu\text{F}$ 的波形

（1）取元件。

（2）具体操作。双击示波器得到 U_R 波形，改变电容的值，得到相关波形。

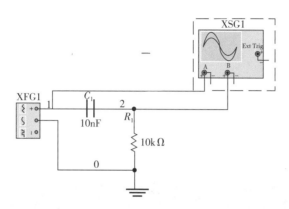

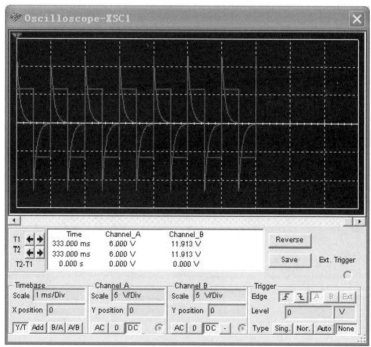

图 4-1-2　示波器观察微分电路测量图

2. 按图 4-1-3 所示接线，使 $R=10\text{k}\Omega$，分别记录和观察 $C=0.5\mu\text{F}$，$0.1\mu\text{F}$ 的波形

（1）取元件。

（2）具体操作。双击示波器得到 U_C 波形，改变电容的值，得到相关波形。

（3）编辑一个 RC 串联电路，使 $C=20\mu\text{F}$，方波信号的幅值为 10V，周期为 1ms，占空比为 50%，对电阻进行参数扫描分析，分别观察电阻电压和电容电压的暂态响应，以确定获得尖峰脉冲和锯齿波输出所需电阻的范围。

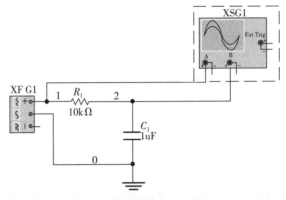

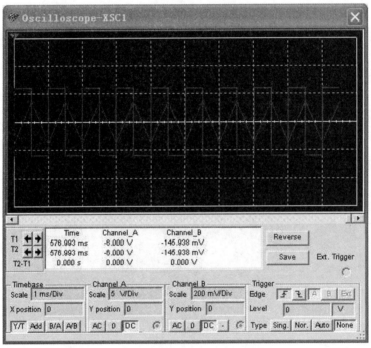

图 4-1-3　示波器观察积分电路测量图

实验二　二阶动态电路

1. 按图 4-2-1 所示电路接线 $L=0.2\text{H}$，$C=0.1\mu\text{F}$ 接入 $T=10\text{ms}$ 的矩形脉冲观察 $R=500\ \Omega$ 和 $R=2\text{ k}\Omega$ 两种情况下 U_C 的波形。

（1）取元件。

（2）具体操作。双击示波器得到 U_C 波形，改变电阻的值，得到相关波形。

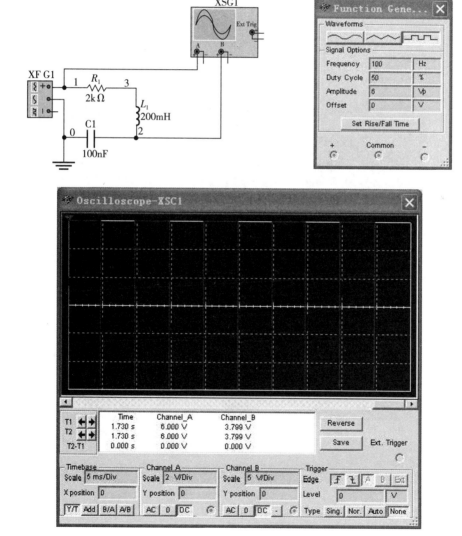

图 4-2-1　示波器观察串联二阶电路测量图

2. 按图 4-2-2 所示电路接线 $L=0.2\text{H}$，$C=0.1\mu\text{F}$ 接入 $T=10\text{ms}$ 的矩形脉冲观察 $R=4\text{k}\Omega$ 情况下 U_C 的波形。

（1）取元件。

（2）具体操作。双击示波器得到 U_C 波形，改变电阻的值（$R=500\ \Omega$，$R=270\text{k}\Omega$），得到相关波形。

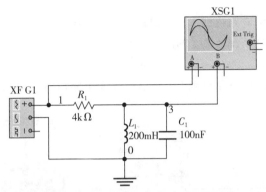

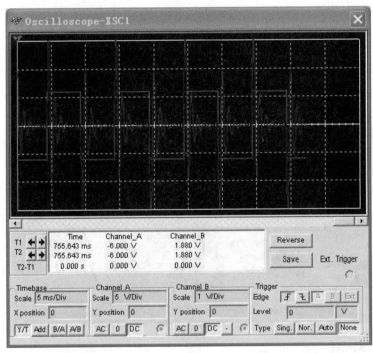

图 4-2-2　示波器观察并联二阶电路测量图

实验三　三相电路

1. 取元件

一个 Y 型结三相电源，其中 $U=220\text{V}$，$f=50\text{Hz}$，对称 Y 型结三相负载为纯电阻，其大小为 50Ω。选择中性线开关，该开关由 A 键控制其断开和闭合，电路编辑完毕作如下仿真。

2. 具体操作

（1）用 3 个虚拟数字万用表的交流电压档分别测量三个负载的相电压，观测在中性线接通和断开的情况下，负载的相电压是否发生变化，如图 4-3-1 所示。

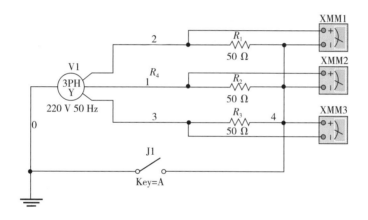

图 4-3-1　对称 Y 型三相电路测量图

（2）将 A 相负载并联一个 50Ω 的电阻，B 相负载并联一个 100Ω 的电阻，再观测在中性线接通和断开的情况下，负载相电压的变化情况。

（3）保持三相负载不对称，断开中性线，用虚拟功率表测量每相负载的功率，计算出三相总功率；然后用两瓦计法测量并计算三相总功率，看二者测量结果是否相等，以此说明两瓦计法测量三相总功率的适用条件，如图 4-3-2 至图 4-3-4 所示。

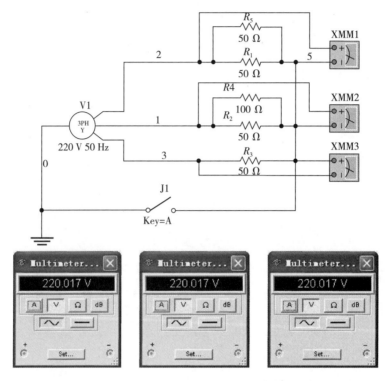

图 4 - 3 - 2　不对称 Y 型三相电路中性线接通测量图

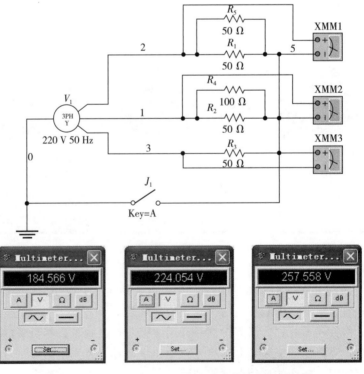

图 4 - 3 - 3　不对称 Y 型三相电路中性线断开测量图

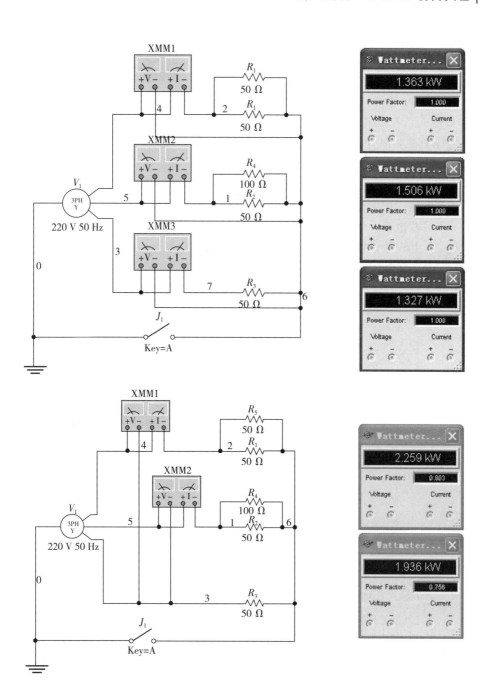

图 4 - 3 - 4　三相总功率测量图

实验四 功率因数的提高

1. 取元件

一个感性负载，其中 $R=230\Omega$，$L=1.9\mathrm{H}$，所加正弦电压的有效值为 220V，频率为 50Hz。

2. 具体操作

编辑好该电路，用虚拟数字功率表测量该负载的有功功率和功率因数，然后将该负载两端并联一个可变电容，调节电容的大小，再测试电路的总功率和功率因数，观察总功率是否发生变化，并记录下使电路的总功率因数为 1 时所并联电容的大小。注意：每次改变电容大小时，必须重新进行仿真，并且要等待虚拟数字功率表的读数稳定之后再作记录。可变电容最初选择 $10\mu\mathrm{f}$，首先确定一个大致范围使总的功率因数为 1，然后再减小可变电容的最大值，并减小电容调节的步长进行细调，以确定精确的数值，如图 4-4-1 所示。

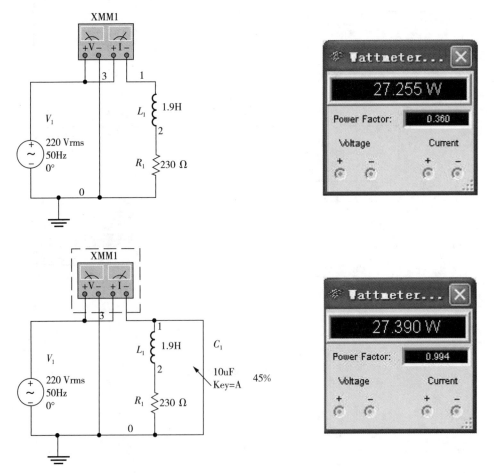

图 4-4-1 功率因素提高测量图

实验五　晶体三极管伏安特性的测试

半导体器件的特性曲线可以通过 IV 分析仪和直流扫描分析这两种方法得到。

用 IV 分析仪测试三极管伏安特性的方法如下。

从元器件库中选择 NPN 型晶体管 MRF9011LT1
_A，从虚拟仪器仪表库中选取 IV 分析仪，双击该
图标打开显示面板，在 Components 下拉列表中选择
BJT NPN 项，在面板右下方将显示晶体管 b，e 和 c
连接顺序示意图。建立测试电路如图 4-5-1 所示。
单击面板中的 Simulate Param 按钮，设定 UCE 和 IB
扫描范围分别为 0～12V 和 0～40μA，如图 4-5-2
所示。单击 Simulate 按钮进行仿真，得到晶体的输
出特性曲线如图 4-5-3 所示。面板下方显示光标所
在位置的某曲线 ib，uCE 及 iC 的值，单击其他曲线可显示相应数值。

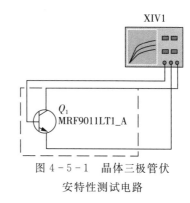

图 4-5-1　晶体三极管伏
安特性测试电路

图 4-5-2　IV 分析仪参数设置

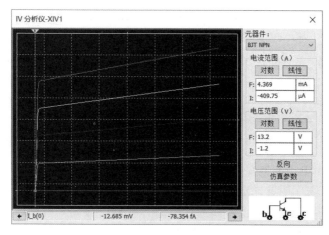

图 4-5-3　晶体三极管的伏安特性曲线

实验六　用虚拟仪器仪表库分析单管放大电路

Multisim 10 的虚拟仪器仪表库中包含了一般电子实验室常用的测量仪器和一些高性能测量仪器，因此，在 Multisim10 中，进行电子电路的仿真测试时，就可以像在实验室中一样选择合适的虚拟仪器进行测量。如图 4-6-1 所示的单管共射放大电路，可以用二用表的直流电压档测试电路的静态工作点。用双踪示波器测试输入/输出波形，用交流毫伏表测试电路的放大倍数，输入/输出电阻，还可以用波特仪测试电路的幅频特性。

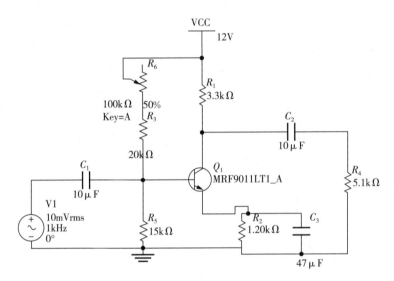

图 4-6-1　单管共射放大电路

（1）静态工作点的测试

放大电路的静态工作点是指输入信号为零时晶体管的基极电流 IB，发射节电压 UBE、集电极电流 IC 和管压降 UCE，均为直流，所以要用万用表直流电压档测量，从虚拟仪器仪表库中选择万用表，建立测试电路，如图 4-6-2 所示。双极管用表面板，单击 Simulate 按钮得到节点 7、3 和 2 的直流电压值，然后通过计算得出各电压、电流值。

$$IC \approx IE = UE/R_2 = 1.24/1.2 \approx 1\text{mA}$$

$$UCE = UC - UE = 8.62 - 1.24 = 7.48\text{V}$$

$$UBE = UB - UE = 1.977 - 1.242 \approx 0.73\text{V}$$

（2）输入/输出电压波形及电压放大倍数的测试

从虚拟仪器仪表库中选择双踪示波器，A 通道用于测试输入电压的波形，B 通道用于测试输出电压的波形。双击示波器面板，单击 Simulate 按钮，得到输入/输出波形，如图 4-6-3 所示。根据显示数据可得电压方大倍数为

$$Au = 0.935/0.00923 \approx 100$$

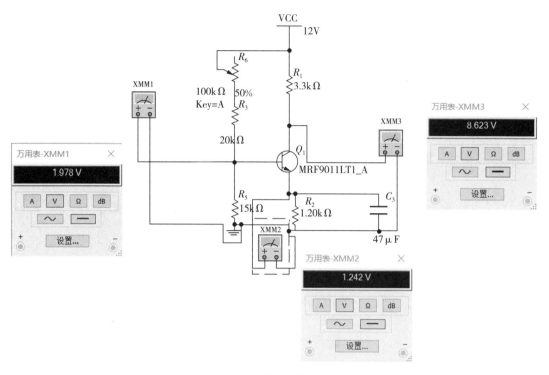

图 4-6-2　静态工作点的测试

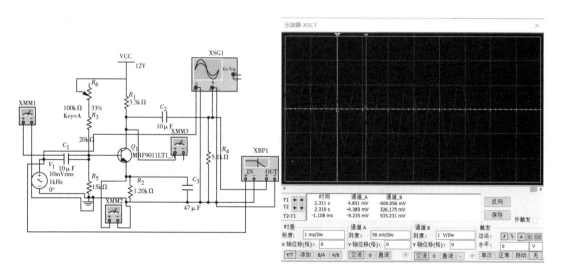

图 4-6-3　输入输出波形

实验七　电压比较器的仿真

电压比较器的功能是，将一个输入信号与一个参考电压进行大小比较，并用输出电平的高、低来表示比较结果。其特点是，运算放大器工作在开环或正反馈状态下，输入/输出之间呈现非线性传输性。

（1）建立过零电压比较电路如图 4-7-1 所示。同向输入端接地，比较器的参考电压为 0V，反向输入端接入一个正弦交流信号。

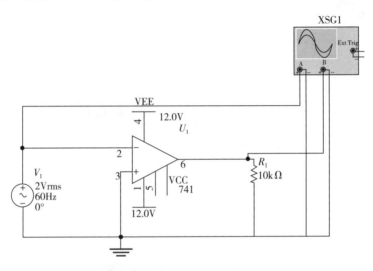

图 4-7-1　过零电压比较电路

（2）从虚拟仪器仪表库中选择双踪示波器，输入信号和输出信号分别接入示波器的两个通道。单击仿真按钮就能观测到输入输出波形如图 4-7-2 所示。

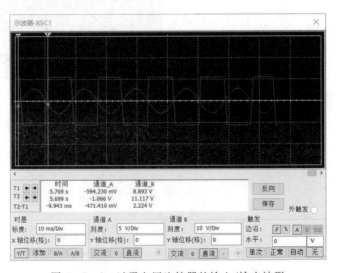

图 4-7-2　过零电压比较器的输入/输出波形

（3）电压比较器的传输特性可以用直流扫描（DC Sweep）来分析。直流扫描分析计算电路中某节点的直流工作点随直流电压源电压改变的关系。选择主菜单命令 Simulate/Analysis/DC Sweep Analysis，弹出直流分析对话框。选择扫描信号源（Source）为反向输入端电压 VV2，并设定扫描电压的起始值（Start value）为－1V，终止值（Stop value）为 1V，步长（Increment）为 0.02V，在 Output 选项卡。选择输出变量设置为节点 2 的电压 V（2）。单击仿真按钮，测试结果如图 4-7-3 所示，横轴为输入变量，纵轴为输出变量。电压比较器的传输特性，也可以通过示波器的 x-y 方式测得。

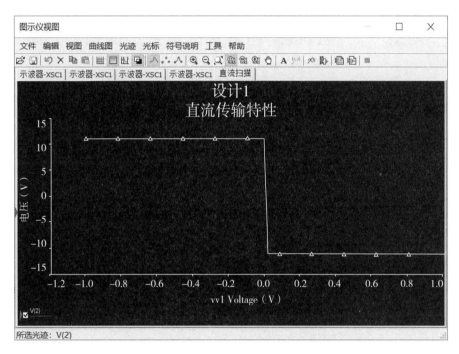

图 4-7-3　过零电压比较器的传输特性

附　　录

附录一　测量误差和测量数据处理的基本知识

被测量有一个真实值，简称为真值，它由理论给定或由计算标准规定。在实际测量该被测量时，由于受到测量仪器精度、测量方法、环境条件或测量者能力等因素的限制，测量值与真值之间不可避免地存在着差异，这种差异定义为测量误差。学习有关测量误差和测量数据处理知识，以便在实验中合理地选用测量仪器和测量方法，并对实验数据进行正确地分析、处理，获得符合误差要求的测量结果。

一、测量误差产生的原因及其分类

根据误差的性质及其产生的原因，测量误差分为三类。

1. 系统误差

在规定的测量条件下，对同一量进行多次测量时，如果误差的数值保持恒定或按某种确定规律变化，则称这种误差为系统误差。例如，电表零点不准，温度、湿度、电源电压等变化造成的误差，便属于系统误差。

2. 偶然误差（又称随即误差）

在规定的测量条件下，对同一量进行多次测量时，如果误差的数值发生不规则的变化，则称这种误差为偶然误差。例如，热骚动、外界干扰和测量人员感觉器官无规律的微小变化等引起的误差，便属于偶然误差。

尽管每次测量某量时，其偶然误差的变化是不规则的，但是，实践证明，如果测量的次数足够多，则偶然误差平均值的极限就会趋近于零。所以，多次测量某量的结果，它的算术平均值接近于其真值。

3. 过失误差（又称粗大误差）

过失误差是指在一定的测量条件下，测量值显著地偏离真值时的误差。从性质上来看，可能属于系统误差，也可能属于偶然误差。但是它的误差值一般都明显地超过相同条件下的系统误差和偶然误差，例如读错刻度、记错数字、计算错误以及测量方法不对等引起的误差。通过分析，确认是过失误差的测量数据，应该予以删除。

二、误差的各种表示方法

1. 绝对误差

如果用 x_0 表示被测量的真值，x 表示测量仪器的示值（标称值），于是绝对误差 Δx

$=x-x_0$。若用高一级标准的测量仪器测得的值作为被测量的真值，则在测量前，测量仪器应由高一级标准的测量仪器测得的值作为被测量的真值，则在测量前，测量仪器应由高一级标准的仪器进行校正，校正量常用修正值表示。对于某被测量，高一级标准的仪器的示值减去测量仪器的示值所得的值，就称为修正值。实际上，修正值就是绝对误差，仅仅它们的符号相反。例如，用某电流表测量电流时，电流表的示值为 10mA，修正值为 +0.04mA，则被测电流的真值为 10.04mA。

2. 相对误差

相对误差 γ 是绝对误差与被测量真值的比值，用百分数表示，即

$$\gamma = \frac{\Delta r}{x_0} \times 100\%$$

当 $\Delta x \ll x_0$ 时，$\gamma \approx \frac{\Delta x}{x} \times 100\%$。

例如，用频率计测量频率时，频率计的示值为 500MHz，频率计的修正值为 −500Hz，则

$$\gamma = \frac{500}{500 \times 10^6} \times 100\% = 0.0001\%$$

又如，用修正值为 −0.5Hz 的频率计测得频率为 500Hz。

$$\gamma \approx \frac{0.5}{500} \times 100\% = 0.1\%$$

从上述两个例子可以看到，尽管后者的绝对误差远小于前者，但是后者的相对误差却远大于前者，因此，前者的测量准确度实际上比后者的高。

3. 容许误差（又称最大误差）

一般测量仪器的准确度常用容许误差表示。它是根据技术条件的要求规定某一类仪器的误差不应超过的最大范围。通常仪器（包括量具）技术说明书所标明的误差，都是指容许误差。

在指针式仪表中，容许误差就是满度相对误差 γ_m，定义为

$$\gamma_m = \frac{\Delta x}{x_m} \times 100\%$$

式中，x_m 是表头满刻度读数。指针式表头的误差主要取决于它本身的结构和制造精度，而与被测量值的大小无关。因此，用上式表示的满度相对误差实际上是绝对误差与一个常数的比值。我国电工仪表按 γ_m 值分为 0.1，0.2，0.5，1.0，1.5，2.5 和 5 共七级。

例如，用一只满度为 150V、1.5 级的电压表测量电压，其最大绝对误差为 150V×（±1.5%）＝ ±2.25V。若表头的示值为 100V，则被测电压的真值在 100±2.25＝97.75～102.25（V）；若示值为 10V，则被测电压的真值在 7.75～12.25（V）。

在无线电测量仪器中，容许误差分为基本误差和附加误差两类。所谓基本误差，是指仪器在规定工作条件下在测量范围内出现的最大误差。规定工作条件又成为定标条件，一般包括环境条件（温度、湿度、大气压力、机械振动及冲击等）、电源条件（电源电压、

电源频率、直流供电电压及纹波等）和预热时间、工作位置等。

所谓附加误差，是指定标条件的一项或几项发生变化时，仪器附加产生的误差。附加误差又分为两类：一为使用条件（如温度、湿度、电源等）发生变化时产生的误差，另一为被测对象参数（如频率、负载等）发生变化时产生的误差。

例如，DA22 型超高频毫伏表的基本误差为 1mV 档小于 ±1%，3mV 档小于 ±5%；频率附加误差在 5kHz～500MHz 小于 ±5%，在 500MHz～1000MHz 小于 ±30%；温度附加误差为每 10℃增加 ±2%。

三、削弱和消除系统误差的主要措施

对于偶然误差和过失误差的消除方法，前面已做过简要介绍，这里只讨论消除系统误差的措施。

产生系统误差的原因如下：

1. **仪器误差**

仪器误差是指仪器本身电气或机械等性能不完善所造成的误差。例如，仪器校准不好，定度不准等。消除方法是预先校准，或确定其修正值，以便在测量结果中引入适当的补偿值来消除它。

2. **装置误差**

装置误差是测量仪器和其他设备的放置不当，或使用不正确以及由于外界环境条件改变所造成的误差。为了消除这类误差，测量仪器的安放必须遵守使用规定（例如三用表应水平放置），电表之间必须远离，并注意避开过强的外部电磁场影响等。

3. **人身误差**

人身误差是测量者个人特点所引起的误差。例如，有人读指示刻度习惯于超过或欠少，回路总不能调到真正谐振点上等。为了消除这类误差，应提高测量技能，改变不正确的测量习惯和改进测量方法等。

4. **方法误差或理论误差**

这是一种测量方法所依据的理论不够严格，或采用不适当的简化和近似公式等引起的误差。例如，用伏安法测量电阻时，若直接从电压表的示值和电流表的示值之比作为测量的结果，而不计及电表本身内阻的影响，就往往引起不能容许的误差。

系统误差按其表现特性还可分为固定的和变化的两类：在一定条件下，多次重复测量时测出的误差是固定的，称为固定误差；测出的误差是变化的，称为变化误差。

对于固定误差，还可用一些专门的测量方法加以抵消，这里只介绍常用的替代法和正负误差抵消法。

（1）替代法

在测量时，先对被测量进行测量，记取测量数据。然后用一已知标准量代替被测量，改变已知标准量的数值。由于两者的测量条件相同，因此可以消除包括仪器内部结构，各种外界因素和装置不完善等引起的系统误差。

（2）正负误差抵消法

利用在相反的两种情况下分别进行测量，使两次测量所产生的误差等值异号。然后取

两次测量结果的平均值便可将误差抵消。例如，在有外磁场影响的场合测量电流值，可把电流表转动 $180°$ 再测一次，取两次测量数据的平均值，就可抵消外磁场影响而引起的误差。

四、一次测量时的误差估计

在许多工程测量中，通常对被测量只进行一次测量。这时，测量结果中可能出现的最大误差与测量方法有关。测量方法有直接法和间接法两类：直接法是指直接对被测量进行测量取得数据的方法；间接法是指通过测量与被测量有一定函数关系的其他量，然后换算得到被测量的方法。

当采用直接式仪器并按直接法进行测量时，其最大可能的测量误差就是仪器的容许误差。例如，前面提到的用满刻度为 $150V$，1.5 级指针式电压表测量电压时，若被测电压为 $100V$，则相对误差为 $\gamma = \frac{2.25}{100} \times 100\% = 2.25\%$；若被测量为 $10V$，则 $\gamma = \frac{2.25}{10} \times 100\% = 22.5\%$。因此，为提高测量准确度，减小测量误差，应使被测量出现在接近满刻度区域。

当采用间接法进行测量时，应先由上述直接法估计出直接测量的各量的最大可能误差，然后根据函数关系找出被测量的最大可能误差。下面举例说明。

例 1

$$x = A^m B^n C^p$$

式中，x 为被测量，A，B，C 为直接测得的各量，m，n，p 为正或负的整数或分数。为了求得误差之间的关系式，将上式两边去对数：

$$\lg x = m\lg A + n\lg B + p\lg C$$

再进行微分

$$\frac{\mathrm{d}x}{x} = m\frac{\mathrm{d}A}{A} + n\frac{\mathrm{d}B}{B} + p\frac{\mathrm{d}C}{C}$$

将上述微变量近似用增量代替：

$$\frac{\Delta x}{x} = m\frac{\Delta A}{A} + n\frac{\Delta B}{B} + p\frac{\Delta C}{C}$$

即

$$\gamma_x = m\gamma_A + n\gamma_B + p\gamma_C$$

上式中 A，B，C 各量的相对误差 γ_A，γ_B，γ_C 可能为正或负，因此，在求 x 量的最大可能误差 γ_x 时，应取其最不利的情况。亦即使 γ_x 的绝对值达到最大。

例 2

$$x = A \pm B$$

则

$$x + \Delta x = (A + \Delta A) \pm (B + \Delta B)$$

因此

$$\Delta x = \Delta A + \Delta B$$

该式说明，不论 x 等于 A 于 B 的和或差，x 的最大可能绝对误差都等于 A、B 的最大误差的算术和。这时欲求的相对误差为

$$\gamma_x = \frac{\Delta x}{x} = \frac{\Delta A + \Delta B}{A \pm B}$$

必须指出，当 $x = A = B$ 时，如果 A、B 二量很接近，相对误差就可能达到很大的数值。所以，在选择测量方法时，应尽量避免用两个量之差来求第三量。

根据上述两个例子，间接法测量的误差估计可归纳为下表所示的计算公式：

函数关系式	绝对误差	相对误差
$x = A + B$	$\Delta x = \Delta A + \Delta B$	$\dfrac{\Delta x}{x} = \dfrac{\Delta A + \Delta B}{A + B}$
$x = A - B$	$\Delta x = \Delta A + \Delta B$	$\dfrac{\Delta x}{x} = \dfrac{\Delta A + \Delta B}{A - B}$
$x = A \cdot B$	$\Delta x = A \cdot \Delta A + B \cdot \Delta B$	$\dfrac{\Delta x}{x} = \dfrac{\Delta A}{A} + \dfrac{\Delta B}{B}$
$x = A / B$	$\Delta x = \dfrac{A \cdot \Delta B + B \cdot \Delta A}{B^2}$	$\dfrac{\Delta x}{x} = \dfrac{\Delta A}{A} + \dfrac{\Delta B}{B}$
$x = k \cdot A$	$\Delta x = k \cdot \Delta A$	$\dfrac{\Delta x}{x} = \dfrac{\Delta A}{A}$
$x = A^k$	$\Delta x = k \cdot A^{k-1} \cdot \Delta A$	$\dfrac{\Delta x}{x} = k \dfrac{\Delta A}{A}$

五、测量数据的处理

1. 有效数字的概念

在记录和计算数据时，必须掌握对有效数字的正确取舍，不能认为一个数据中小数点后面的位数越多，这个数据就越准确；也不能认为计算测量结果中保留的位数越多，准确度就越高。因为测量所得的结果都是近似值，这些近似值通常都用有效数字的形式来表示的。所谓有效数字，是指左边第一个非零的数字开始到右边最后一个数字为止所包含的数字。例如，测得的频率为 $0.0234\mathrm{MHz}$，它是由 2，3，4 三个有效数字表示的频率值。在其左边的两个 "0" 不是有效数字，因为它可以通过单位变换成 $23.4\mathrm{kHz}$。其中末位数字 "4"，通常是在测量读数时估计出来的，因此称它为 "欠准" 数字，其左边的各有效数字均是准确数字。准确数字与欠准数字对测量结果都是不可少的，它们都是有效数字。

2. 有效数字的正确表示

（1）有效数字中，只应保留一个欠准数字。因此，在记取测量数据中，只有最后一位

有效数字是"欠准"数字，这样记取的数据表明被测量可能在最后一位数字上变化±1个单位。例如，用一只刻度为 50 分度、量程为 50V 的电压表测得的电压为 41.6V，则该电压是用三位有效数字来表示的，4 和 1 两个数字是准确地，而 6 是欠准的。因为它是根据最小刻度估计出来的，它可能被估读为 5，也可能被估读为 7，所以测量结果也可以表示为（41.6±0.1）V。

（2）欠准数字中，要特别注意"0"的情况，例如，测量某电阻的数值为 13.600kΩ，表明前面四个位数 1，3，6，0 都是准确数字，最后一位数 0 是欠准数字。如果改写成 13.6 kΩ，则表明前面两个位数 1，3 是准确数字，最后一位数 6 是欠准数字。这两种写法，尽管表示同一数值，但实际上却反映了不同的测量准确度。

如果用"10"的方幂来表示一个数据，10 的方幂前面的数字都是有效数字。例如，写成 $13.60 \times 10^3 \, \Omega$，则表明它的有效数字为 4 位。

（3）对于 π、$\sqrt{2}$ 等常数具有无效位数的有效数字，在运算时，可根据需要取适当的位数。

3. 有效数字的处理

对于计量测定或通过各种计算获得的数据，在所规定的精确度范围以外的那些数字，一般都应该按照"四舍五入"的规则进行处理。

如果只取 n 位有效数字，那么第 $n+1$ 位及其以后的各位数字都应该舍去。如果用古典的"四舍五入"法则，对于 $n+1$ 位为"5"的数字则都是只入不舍的，这样就会产生较大的累计误差。目前，广泛采用的"四舍五入"法则对"5"的处理是：当被舍的数字等于 5，而 5 之后有数字时，则可舍 5 进 1；若 5 之后无数字或为 0 时，这时只有在 5 之前为奇数，才能舍 5 进 1，如 5 之前为偶数（包括零），则舍 5 不进位。

下面是把有效数字保留到小数点后第二位的几个例子：

$$73.9504 \longrightarrow 73.95$$
$$3.22681 \longrightarrow 3.23$$
$$523.745 \longrightarrow 523.74$$
$$617.995 \longrightarrow 618.00$$
$$89.9251 \longrightarrow 89.93$$

4. 有效数字的运算

（1）加、减运算

由于参加加减运算的各数据，必为相同单位的同一物理量，其精度最差的就是小数点后面有效数字位数最少的，因此，在进行运算前应将各数据所保留的小数点后的位数处理成与精度最差的数据相同，然后再进行运算。

例如，求 214.75，32.945，0.015，4.305 四项之和

$$214.75 \longrightarrow 214.75$$
$$32.945 \longrightarrow 32.94$$
$$0.015 \longrightarrow 0.02$$
$$+) \, 4.305 \longrightarrow 4.3$$

$$252.01$$

（2）乘、除运算

运算前对各数据的处理应以有效数字位数最少为标准，所得积和商的有效数字位数应与有效数字位数最少的那个数据相同。

例如，问 $0.0121 \times 25.645 \times 1.05782 = ?$

其中 0.0121 为三位有效数字，位数最少，所以应对另外两个数据进行处理：

$$25.645 \longrightarrow 25.6$$
$$1.5782 \longrightarrow 1.06$$

所以，$0.0121 \times 25.645 \times 1.05782 = 0.3283456 \longrightarrow 0.328$

若有效数字位数最少的数据中，其第一位数为 8 或 9，则有效数字位数应多计一位，例如，上例中 0.0121 若改为 0.0921，则另外两个数据应取四位有效数字。即

$$25.645 \longrightarrow 25.64$$
$$1.05782 \longrightarrow 1.058$$

附录二　常用电路元、器件型号及主要性能参数

一、半导体器件

常用半导体器件型号命名法：

第一部分		第二部分		第三部分		第四部分	第五部分
用数字表示器件的电极数目		用汉语拼音字母表示器件的材料和极性		用汉语拼音字母表示器件的类别		用字母表示器件序号	用汉语拼音字母表示规格号
符号	意义	符号	意义	符号	意义		
2	二极管	A	N 型锗材料	P	普通管		
		B	P 型锗材料	V	微波管		
		C	N 型硅材料	W	稳压管		
		D	P 型硅材料	C	参量管		
3	三极管	A	PNP 型锗材料	Z	整流管		
			NPN 型锗材料	L	整流堆		
		B	PNP 型硅材料	S	隧道管		
			NPN 型硅材料	N	阻尼管		
		C		K	开关管		
		D		X	低频小功率管 $f_T<3\mathrm{MHz}$，$P_c<1\mathrm{W}$		
				G	高频小功率管 $f_T>3\mathrm{MHz}$，$P_c>1\mathrm{W}$		
				D	低频大功率管 $f_T<3\mathrm{MHz}$，$P_c\geqslant1\mathrm{W}$		
				A	高频大功率管 $f_T\geqslant3\mathrm{MHz}$，$P_c\geqslant1\mathrm{W}$		

示例说明如下：

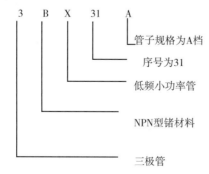

$$3 \quad B \quad X \quad 31 \quad A$$

管子规格为A档
序号为31
低频小功率管
NPN型锗材料
三极管

它是锗 NPN 型低频小功率管

1. 二极管
几种常用的整流二极管

表 1　2DW7－2DW8 硅稳压管

原型号	新型号	最大耗散功率 P_{ZM} （W）	最大工作电流 I_{ZM} （mA）	稳定电压 V_Z （V）	动态电阻 R_Z （Ω）	动态电阻 I_Z （mA）	反射漏电流 I_R （uA）	电压温度系数 aV （10^{-6}/c）
2DW7A	2DW230	0.2	30	5.8～6.0	≤25	10	≤1	≤|50|
2DW7B	2DW231	0.2	30	5.8～6.0	≤15	10	≤1	≤|50|
2DW7C	2DW232	0.2	30	6.0～6.5	≤10	10	≤1	≤|50|
2DW8A		0.2	30	5～6	≤25	10	≤1	≤|50|
2DW8B		0.2	30	5～6	≤15	10	≤1	≤|50|
2DW8C		0.2	30	5～6	≤5	10	≤1	≤|50|
测试条件				$I_R=I_Z$			$V_R=1V$	$I_Z=10mA$

2. 2AP9－10 型锗点接触检波二极管

型号	2AP9	2AP10	测试条件
反向击穿电压 V_{BR} （V）	20	40	$I_R=300\mu A$
反向电流 I_R （μA）	≤200	≤40	反向电压 10V
最高反向工作电压 V_{RM} （V）	10	20	
正向电流 I_F （mA）	≥8	≥8	正向电压 1V
反向工作电压 V_R （V）	5 （≤40μA）	10 （≤40μA）	I_R 为括号内数值
	10	20	$I_R=200\mu A$
最大整流电流 I_{OM} （mA）	5	5	
截止频率 f （MHz）	100	100	
浪涌电流 I_{FSM} （mA）	50	50	持续时间 1 秒
检波效率 $\eta\%$	≥65	≥65	$f=10.7MHz$，正向电压 1V，$R=5k\Omega$，$C=2200pF$
	≥55	≥55	$f=40MHz$，正向电压 1V，$R=5k\Omega$，$C=20pF$
检波损耗 （dB）	≤20	≤20	交流电压 0.2V，$f=465kHz$
势垒电容 C_T （pF）	≤0.5	≤1	反向电压 6V，交流电压 1∽2V，$f=10kHz$
最高结温 T_{jM} （C）	75	75	

3. 3DG100（3DG6）NPN 硅高频小功率管

	原型号	3DG6				测试条件
	新型号	3DG100A	3DG100B	3DG100C	3DG100D	
极限参数	P_{CM}（mW）	100	100	100	100	
	I_{CM}（mW）	20	20	20	20	
	$V_{(BR)CBO}$（V）	≥30	≥40	≥30	≥40	$I_C=100\mu A$
	$V_{(BR)CEo}$（V）	≥20	≥30	≥20	≥30	$I_C=100\mu A$
	$V_{(BR)EBO}$（V）	≥4	≥4	≥4	≥4	$I_B=100\mu A$
直流参数	I_{CBO}（μA）	≤0.01	≤0.01	≤0.01	≤0.01	$V_{CB}=10V$
	I_{CEO}（μA）	≤0.1	≤0.1	≤0.1	≤0.1	$V_{CE}=10V$
	I_{EBO}（μA）	≤0.01	≤0.01	≤0.01	≤0.01	$V_{EB}=1.5V$
	$V_{BE(sat)}$（V）	≤1	≤1	≤1	≤1	$I_C=10mA$　$I_B=1mA$
	$V_{CE(sat)}$（V）	≤1	≤1	≤1	≤1	$I_C=10mA$　$I_B=1mA$
	h_{FE}	≥30	≥30	≥30	≥30	$V_{CE}=10V$　$I_C=30mA$
交流参数	f_T（MHz）	≥150	≥150	≥300	≥300	$V_{CB}=10V$　$I_E=3mA$ $f=100MHz$　$R_l=5\Omega$
	G_p（dB）	≥7	≥7	≥7	≥7	$V_{CB}=10V$　$I_E=3mA$ $f=100MHz$
	$C_{b'c}$（pF）	≤4	≤4	≤4	≤4	$V_{CB}=10V$　$I_E=0$
h_{FE}		（红）30∽60（绿）50∽110（蓝）90∽160（白）＞150				

4. 3DG130（3DG12）型 NPN 硅高频中功率管

	原型号	3DG12				测试条件
	新型号	3DG130A	3DG130B	3DG130C	3DG130D	
极限参数	P_{CM}（mW）	700	700	700	700	
	I_{CM}（mW）	300	300	300	300	
	$V_{(BR)CBO}$（V）	≥40	≥60	≥40	≥60	$I_C=100\mu A$
	$V_{(BR)CEo}$（V）	≥30	≥45	≥30	≥45	$I_C=100\mu A$
	$V_{(BR)EBO}$（V）	≥4	≥4	≥4	≥4	$I_B=100\mu A$
直流参数	I_{CBO}（μA）	≤0.5	≤0.5	≤0.5	≤0.5	$V_{CB}=10V$
	I_{CEO}（μA）	≤1	≤1	≤1	≤1	$V_{CE}=1.5V$
	I_{EBO}（μA）	≤0.5	≤0.5	≤0.5	≤0.5	$V_{EB}=10V$
	$V_{BE(sat)}$（V）	≤1	≤1	≤1	≤1	$I_C=100mA$　$I_B=1mA$
	$V_{CE(sat)}$（V）	≤0.6	≤0.6	≤0.6	≤0.6	$I_C=100mA$　$I_B=1mA$
	h_{FE}	≥30	≥30	≥30	≥30	$V_{CE}=10V$　$I_C=50mA$

（续表）

原型号	3DG12				测试条件
新型号	3DG130A	3DG130B	3DG130C	3DG130D	
交流参数 f_T （MHz）	≥150	≥150	≥300	≥300	$V_{CB}=10V$ $I_E=3mA$ $f=100MHz$ $R_l=5\Omega$
G_p （dB）	≥6	≥6	≥6	≥6	$V_{CB}=10V$ $I_E=50mA$ $f=100MHz$
$C_{b'c}$ （pF）	≤10	≤10	≤10	≤10	$V_{CB}=10V$ $I_E=0$
h_{FE}	（红）30∽60 （绿）50∽110 （蓝）90∽160 （白）>150				

二、集成电路

1. 几种常用的集成运算放大器

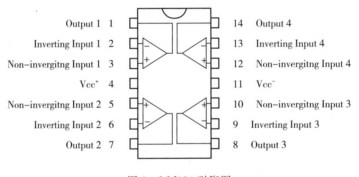

图 1　LM324 引脚图

N SUFFIX
PLASTIC PACKAGE
CASE 646
（LM224，LM324，
LM2902 Only）

D SUFFIX
PLASTIC PACKAGE
CASE 751A
（SO-14）

图 2　LM324 封装图

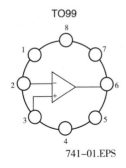

TO99

741-01.EPS

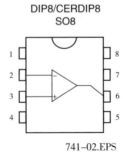

DIP8/CERDIP8
SO8

741-02.EPS

1——Offset null 1
2——Inverting input
3——Non-inverting input
4——Vcc⁻
5——Offset null 2
6——Output
7——Vcc⁺
8——N.C.

图 3　uA741 引脚图

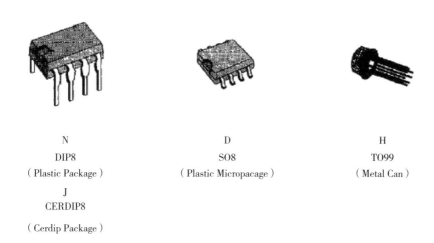

N
DIP8
（Plastic Package）

D
SO8
（Plastic Micropacage）

H
TO99
（Metal Can）

J
CERDIP8

（Cerdip Package）

图 4　uA741 封装图

2. 通用运算放大器 LM741A，LM741，LM741C，LM741E，LM741I，uA741A，uA741，uA741C，uA741E，uA741I

电特性（$V_s = \pm 15V$，$T_A = 25℃$下规范值）

型号 \ 参数 数值	输入失调电压 V_{IO} （mV）	输入失调电流 I_{Io} （nA）	输入偏置电流 I_{IB} （nA）	差模输入电阻 R_{ID} （MΩ）	输入差模电压范围 V_{ICR} （V）	差模电压增益 A_{VD} （dB）	输出峰峰电压 V_{OPP} （V）	输出短路电流 I_{OS} （mA）	共模抑制比 K_{CMR} （dB）
LM741 LM741I	5	200	500	0.3	±12	94	±10	—	70
LM741A LM741E	3	30	80	1	±12	94	±10	10∽35	80
LM741C	6	200	500	0.3	±12	94	±10	—	70

型号 \ 参数 数值	电源电压抑制比 K_{SVR} （dB）	电源电压范围 V_{SR} （V）	t_R （μS）	K_{OV} （%）	单位增益带宽 BW_G （MHz）	转换速率 S_R （V/μS）	I_D （mA）	功耗 P_D （mW）
LM741 LM741I	77	±5∽±15	—	—	—	—	2.8	85
LM741A LM741E	86	±5∽±20	0，8	20	0.475	0.3	—	150
LM741C	77	±5∽±15	—	—	—	—	2.8	85

3. 单电源四运放放大器 LM124/LM224A/LM324A/LM224/KA2902

电特性（$V_+ = +5V$，$V_- = GND = 0V$，$T_A = 25℃$下规范值）

参数 数值 型号	电源电压范围 V_{SR} （V）	输入失调电压 V_{IO} （mV））	输入失调电流 I_{Io} （nA）	输入偏置电流 I_{IB} （nA））	输入差模电压范围 V_{ICR} （V）	I_D （mA）	差模电压增益 A_{VD} （dB）	电源电压抑制比 K_{SVR} （dB）
124A	＋5∽＋30	±2	±10	50	0∽V₊−1.5	1.2	94	65
224A	＋5∽＋30	±3	±15	80	0∽V₊−1.5	1.2	94	65
324A	＋5∽＋30	±3	±30	100	0∽V₊−1.5	1.2	88	65
124/224	＋5∽＋30	±5	±30	150	0∽V₊−1.5	1.2	94	65
324	＋5∽＋30	±7	±50	250	0∽V₊−1.5	1.2	88	65
2902	＋5∽＋26	±7	±50	250	0∽V₊−1.5	1.2	88	50

参数 数值 型号	通道隔离度 CSR （dB）	$I_{O\pm}$ （mA）	输出短路电流 I_{OS} （mA）	共模抑制比 K_{CMR} （dB）	VoH （V）	VoL （mV）		
124A	120	＋10 −20	60	70	26	20		
224A	120	＋10 −20	60	70	26	20		
324A	120	＋10 −20	60	65	26	20		
124/224	120	＋10 −20	60	70	26	20		
324	120	＋10 −20	60	656	26	20		
2902	120	＋10 −20	60	50	22	100		

注：A_{VD} 及 $I_{OS}I$。值是在 $V_+ = 15V$ 下测得。VoH 是在 $V_+ = +30V$（2902 为 +26V）下测得。

附录三　元件清单

元件清单（a）

序号	名称	规格	数量
1	电阻	1MΩ　1/2W	2
2	电阻	200kΩ　1/2W	1
3	电阻	100kΩ　1/2W	2
4	电阻	51kΩ　1/2W	1
5	电阻	20kΩ　1/2W	2
6	电阻	30kΩ　1/2W	2
7	电阻	36kΩ　1/2W	1
8	电阻	10kΩ　1/2W	4
9	电阻	5.1kΩ　1/2W	2
10	电阻	4.1kΩ　1/2W	1
11	电阻	3kΩ　1/2W	1
12	电阻	2kΩ　1/2W	3
13	电阻	1kΩ　1/2W	6
14	电阻	820Ω　1/2W	1
15	电阻	510Ω　1/2W	1
16	电阻	390Ω　1/2W	1
17	电阻	200Ω　1/2W	2
18	电阻	100Ω　1/2W	1
19	电阻	51Ω　1/2W	1
20	电阻	10Ω　1/2W	2
21	电位器	100kΩ　1/2W	2
22	电位器	10kΩ　1/2W	2
23	电位器	1kΩ　1/2W	1
24	电位器	47kΩ　1/2W	2
25	电容	$0.47\mu F$	2
26	电容	$0.33\mu F$	1

（续表）

序号	名称	规格	数量
27	电容	$0.22\mu F$	2
28	电容	$0.1\mu F$	2
29	电容	$0.01\mu F$	2
30	电容	$0.022\mu F$	2
31	电容	$10pF$	1
32	电解电容	$1\mu F/25V$	1
33	电解电容	$2.2\mu F/25V$	1
34	电解电容	$100\mu F/25V$	1
35	电解电容	$47\mu F/25V$	2
36	电解电容	$4.7\mu F/25V$	1
37	电解电容	$10\mu F/25V$	2
38	电感	$8.2mH$	1
39	二极管	IN4148	4
40	二极管	IN60	2
41	稳压二极管	6V	4
42	三极管	3DG6B	3
43	桥堆	W08	3
44	芯片插座	14P	12
44	芯片插座	16P	4

元件清单（b）

序号	名称	型号	数量
1	电阻	$2k\Omega$	6
2	电阻	1M	1
3	电阻	$1k\Omega$	3
4	电阻	$200k\Omega$	1
5	电阻	$100k\Omega$	5
6	电阻	$10k\Omega$	5
7	电阻	$20k\Omega$	3
8	电阻	$2.7k\Omega$	1
9	电阻	$51k\Omega$	2

（续表）

序号	名称	型号	数量
10	电阻	10	1
11	电阻	24	1
12	电阻	51	1
13	电阻	100	1
14	电阻	120	1
15	电阻	200	1
16	电阻	240	1
17	电阻	390	1
18	电阻	470	1
19	电阻	510	1
20	电阻	680	1
21	电阻	820	1
22	电阻	910	1
23	电阻	$5.1k\Omega$	1
24	电容	$0.022\mu F$	3
25	电容	$0.01\mu F$	2
26	电容	$0.47\mu F$	1
27	电容	$0.33\mu F$	1
28	电容	$0.22\mu F$	2
29	电解电容	$47\mu/25V$	2
30	电解电容	$10\mu/25V$	1
31	二极管	4148	6
32	稳压二极管	IN4735A	4
33	电位器	10K	2
34	电位器	47K	2
35	电位器	100K	1

附录四　常用仪器的使用介绍

一、直流稳压电源

HG6000 系列直流稳压电源是高精度、高可靠度、易操作的实验室通用电源，产品独特的积木式结构设计提供了从 1 组至多组电压输出规格，满足用户各种电路实验的要求，可广泛应用于工厂、学校和科研单位的实验和教学之中。

HG6531 具有 5 组输出端口，其中 2 组输出电压从 0～30V 连续可调，电流从 0～1A 连续可调，具有预置、输出功能和稳压、稳流随负载变化而自动转换的功能，且具有优良的负载特性和纹波性能。本机的第 2 组可调输出具有跟踪功能，在串联使用时，采用跟踪模式可使第 2 组输出随第 1 组输出变化而变化，从而获得 2 组对称输出。显示部分为 4 组 3 位 LED 数字显示，可同时显示可调的输出电压和电流。本机的另外 3 组分别为独立的 +/−12V（1A）和 +5V（3A）固定输出。

操作说明：

1. 输出端口的连接

本机的所有输出端口均为悬浮式端口，从左边起分别为固定的 +/−12V，2 组 0～30V 可调和 1 组固定 +5V，最右边的端口为接地端并和机壳相连，用户可根据需要将接地端和其他端口连接。

2. 电压设定

2 组可调输出具有"预置/输出"控制开关，该功能可有效地防止在接入负载时调节输出电压而对负载产生不良影响。使用时应先将"预置/输出"控制开关置弹出状态，调节"电压调节"旋钮，使电压指示为所需要的电压，再将该开关按入，此时负载则可获得所需要的电压。

3. 电流设定

2 组可调输出的最大输出电流由"电流调节"旋钮控制，设定时应先将该旋钮逆时针调至一个较小电流的位置，输出端短路，将"预置/输出"开关置按入状态，调节"电流调节"旋扭至设定值。负载接入后，如负载电流超过设定值，输出电流将被恒定在设定值，此时稳压指示灯"CV"熄灭，稳流指示灯"CC"点亮。

4. 跟踪方式

本机的 2 组可调输出具有主从跟踪功能，使用时将第一组的"−"端和第二组的"+"端接地，按入"独立/跟踪"和"预置/输出"按钮，第二组输出电压受第一组控制，调节第一组"电压调节"旋钮，可获得两组电压相同而极性相反的输出。

5. 主要技术指标

表 1　主要技术指标

输出组别		5 组输出（2 组可调＋3 组固定）
第一、二组	输出电压（1、2）	0～30V 连续可调
	输出电流	0～1A 连续可调
	纹波及噪声	≤1mVrms
	输出极性	可设置为"＋"或"－"
	跟踪特性	第 2 组输出可与第 1 组跟踪
	显示方式	4 组 3 位 LED 同时显示 2 组输出电压和电流
第三、四组	输出电压（3）	＋12V 固定
	输出电压（4）	－12V 固定
	最大输出电流	1A
	纹波及噪声	≤5mVrms
第五组	输出电压（5）	＋5V 固定
	最大输出电流	3A
	纹波及噪声	≤5mVrms
外形尺寸		240×150×270（mm）
质量		约 8kg

6. 面板功能简介

面板控制件位置如图所示。

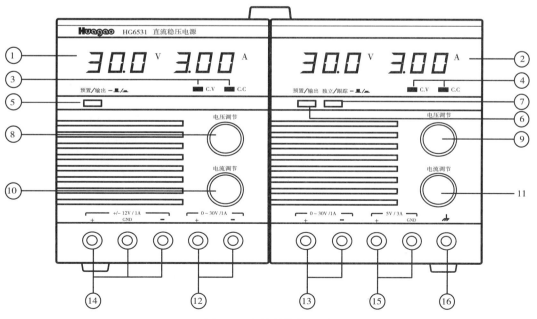

图 1　面板控制件位置图

面板控制件的作用

（1）（2）——显示屏，多组 3 位 LED，同时显示输出电压和电流。

（3）（4）——稳压、稳流指示。当负载电流小于设定值时，输出为稳压状态，"CV"指示灯亮，当负载电流大于设定值时，输出电流将被恒定，"CC"指示灯亮。

（5）（6）——预置/输出控制开关，弹出时为预置状态，输出端开路，用于在输出电压未和负载连接时设置所需要的电压，按入时输出端与负载连接。

（7）——独立/跟踪控制开关，在串联使用时，按入此开关，第 2 组输出电压将与第 1 组同步，用于获得两组电压相同而极性相反的输出。

（8）（9）——电压调节旋钮，用于调节对应单元的输出电压，在跟踪状态时第 2 单元的该旋钮不起作用。

（10）（11）——电流调节旋钮，用于调节输出电流的恒定值，当负载电流大于该值时，输出将自动转换为恒流状态。

（12）——第 1 组输出端口，输出电压和电流受⑧和⑩控制。

（13）——第 2 组输出端口，输出电压和电流受⑨和⑪控制。

（14）——第 3、4 组输出端口，输出电压为固定＋/－12V。

（15）——第 5 组输出端口，输出电压为固定 5V。

（16）——接地端口，于机壳相连。

（17）——电源开关，在仪器的后面板。

二、数字式万用表

数字万用表，它采用了先进的集成电路模数转换器和数显技术，将被测量的数值直接以数字形式显示出来。数字万用表显示清晰直观，读数正确，与模拟万用表相比，其各项性能指标均有大幅度的提高。

1. 组成与工作原理

数字万用表除了具在模拟万用表的测量功能外，还可以测量电容、二极管的正向压降、晶体管直流放大系数及检查线路短路告警等。

数字万用表的测量基础是直流数字电压表，其他功能都是在此基础上扩展而成的。为了完成各种测量功能，必须增加相应的转换器，将被测量转换成直流电压信号，再经过 A/D 转换成数字量，然后通过液晶显示器以数字形式显示出来，其原理框如图所示。

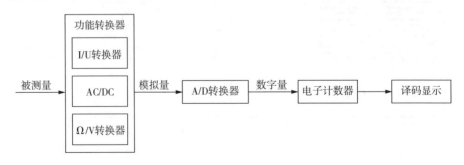

图 2　数字万用表原理框

转换器将各种被测量转换成直流电压信号，A/D 转换器将随时间连续变化的模拟量变换成数字量，然后由电子计数器对数字量进行计数，再通过译码显示电路将测量结果显示出来。

数字万用表的显示位数通常为三位半～八位半，位数越多，测量精度越高，但位数多的，其价格也高。一般常用的是三位半、四位半数字万用表，即显示数字的位数分别是四位和五位，但其最高位只能显示数字 0 或 1，称为半位，后几位数字可以显示数字 0～9，称为整数位。对应的数字显示最大值为 1999（三位半）、19999（四位半），满量程计数值分别为 2000、20000.

2. 主要特点与使用方法

(1) 数字万用表的主要特点

a) 数字显示，直观准确，无视觉误差，并且有极性自动显示功能；

b) 测量精度和分辨率高，功能全；

c) 输入阻抗高（大于 1MΩ），对被测电路影响小；

d) 电路的集成度高，产品的一致性好，可靠性强；

e) 保护功能齐全，有过压、过流、过载保护和超量程显示；

f) 功耗低，抗干扰能力强；

g) 便于携带，使用方便。

(2) 使用方法及注意事项；

a) 插孔的选择。数字万用表一般有四个表笔插孔，测量时黑表笔插入 COM 插孔，红表笔则根据测量需要，插入相应的插孔。测量电压和电阻时，应插入 V/Ω 插孔；测量电流时注意有两个电流插孔，一个是测量小电流的，一个是测量大电流的，应根据被测电流的大小选择合适的插孔。

b) 测量量程的选择。根据被测量选择合适的量程范围，测直流电压置于 DCV 量程、交流电压置于 ACV 量程、直流电流置于 DCA 量程、交流电流置于 ACA 量程、电阻置于 Ω 量程。当数字万用表仅在最高位显示"1"时，说明已超过量程，须调高一挡。用数字万用表测量电压时，应注意它能够测量的最高电压（交流有效值），以免损坏万用表的内部电路。测量未知电压、电流时，应将功能转换开关先置于高量程挡，然后再逐步调低，直到合适的挡位。

c) 测量交流信号时，被测信号波形应是正弦波，频率不能超过仪表和的规定值，否则将引起较大的测量误差。

d) 与模拟表不同，数字万用表红表笔接内电池的正极，黑表笔接内部电池的负极。测量二极管时，将功能开关置于"▸|"挡，这时的显示值为二极管的正向压降，单位为 V。若二极管接反，则显示为"1".

e) 测量晶体管的 h_{fe} 时，由于工作电压仅为 2.8V，测量的只是一个近似值。

f) 测量完毕，应立即关闭电源；若长期不用，则应取出电池，以免漏电。

3. 应用示例

以 MS8217 型数字多用表为例，仪表面板如下图所示。

① 液晶显示器
② 功能按键
③ 旋转开关
④ 输入插座
⑤ 电池量

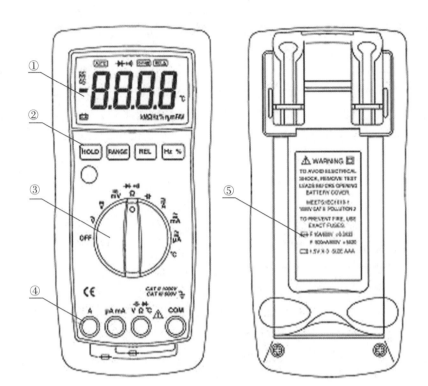

图 3　MS8217 型仪表面板

（1）仪表面板说明

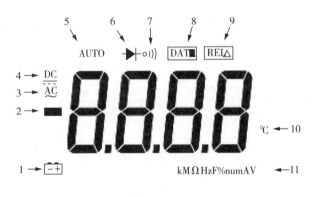

图 4　液晶显示器

表 2　显示符号

号码	符号	含意
1	⊡±	电池电量低。 ⚠为避免错误的读数而导致遭受到电击或人身伤害，本电池符号显示出现时，应尽快更换电池
2	▬	负输入极性指示
3	AC	交流输入指示 交流最压或电流是以输入的绝对值的平均值来显示，并校准至显示一个正弦波的等效均方根值
4	DC	直流输入指示
5	AUTO	仪表在自动量程模式下，它会自动选择具有最佳分辨率的量程
6	▶⊦	仪表在二极管测试模式下
7	○⑴))	仪表在通断测试模式下
8	DATA−H	仪表在读数保持模式下
9	REL△（仅限 MS8217）	仪表在相对测量模式下
10	℃（仅限 MS8217）	℃：摄氏度。温度的单位
11	V，mV	V：伏特。电压的单位； mV：毫伏。$1×10^{-3}$ 或 0.001 伏特
	A，mA，μA	A：安碚。电流的单位； mA：毫碚。$1×10^{-3}$ 或 0.001 安碚； μA：微安。$1×10^{-6}$ 或 0.000001 安培
	Ω，kΩ，MΩ	Ω：欧姆。电阻的单位； kΩ：千欧。$1×10^{-3}$ 或 100 欧姆； MΩ：兆欧。$1×10^{-6}$ 或 1,000,000 欧姆
	％（仅限 MS8217）	％：百分比。使用于占空系数测量
	Hz，kHz，MHz （仅限 MS8217）	Hz：赫兹。频率的单位（周期/秒）； kHz：千赫。$1×10^{-3}$ 或 1000 赫兹； MHz：兆赫。$1×10^{-6}$ 或 1,000,000 赫兹
	μF，nF	F：法拉。电容的单位； μF：微法。$1×10^{-6}$ 或 0.000001 法拉； nF：纳法。$1×10^{-9}$ 或 0.000000001 法拉
12	OL	相对选择的量程来说，输入过高

表3 功能按键

按键	功能	操作介绍
○（黄色）	Ω ▷│─ ○))) A，mA，μA 开机通电时按住	选择电阻测量、二极管测试或通断测试； 选择直流或交流电流； 取消电沁节能功能
HOLD	任何档位	按 HOLD 键进入或退出读数保持模式
RANGE	V～，V…，Ω， A，mA 和 μA	1. 按 RANGE 键进行手动量程模式； 2. 按 RANGE 键可以逐步选择适当的量程（对所选择的功能档）； 3. 持续按住 RANGE 键超过 2 秒会回到自动量程模式
REL（仅限 MS8217）	任何档位	按 REL 键进入或退出相对测量模式
Hz%（仅限 MS8217）	V～，A， mA 和 μA	1. 按 Hz% 键启动频率计数器； 2. 再按一次进入占空系数（负载因数）模式； 3. 再按一次退出频率计数器模式

（2）使用注意事项

① 不能测量有效值高于 1000VDC 或 700VAC 的电压。

② 不能测量高于 10A 的电流，且每次测量的时间不能超过 10 秒，测量时间间隔不能少于 15 分钟。

③ 不能输入高于 500mA 的电流。

④ 在测量频率时，输入的电压信号不要超过规定的最大输入电压值（60V），以免损坏仪表和危及使用者的安全。

⑤ 当未知被测量的大小时，总是从最大量程开始。

⑥ 不能触摸任何带电的导体，以防电击。

⑦ 在测量在线电容之前，要确保电路中的电源已经切断并且电容器已经充分放电。

⑧ 在测量在线电阻之前，要确保电路中的电源已经切断并且电容器已经充分放电。

⑨ 在完成所有的测量后，要立即断开表笔线与被测电路的连接，并将表笔线从仪表中移走。

三、交流毫伏表

交流毫伏表是一种用来测量正弦电压有效值的电子仪表，可对一般放大器和电子设备的电压进行测量。毫伏表类型较多，本节介绍 YB2172 型交流毫伏表的主要特性及其使用方法。

1. 主要特性

（1）测量电压范围为 30μV～300V，分 12 挡。

（2）测量电平范围为 −60dB，−50dB，−40dB，−30dB，−20dB，−10dB，0dB，10dB，20dB，30dB，40dB，50dB 共 12 挡。

（3）频率范围为 5Hz～2MHz。

（4）输入阻抗为 10MΩ，输入电容为 50pF

（5）测量电压误差以信号频率 1kHz 为基准，不超过各量程满刻度的 ±3%。

（6）环境温度为 0～40℃。

2.LM2172 型交流毫伏表的面板操作键作用说明

LM2172 型交流毫伏表的面板示意图如图所示。

（1）电源（POWER）开关：将电源开关按键弹出即"关"位置，将电源线接入，按电源开关，以接通电源。

（2）显示窗口：表头指示输入信号的幅度。对于 LM2172 黑色指针指示 CH1 输入信号幅度，红色指针指示 CH2 输入信号幅度。

（3）零点调节：开机前，如表头指针不在机械零点处，请用小一字起将其调至零点，对于 LM2172，黑框内调黑指针，红框内调红指针。

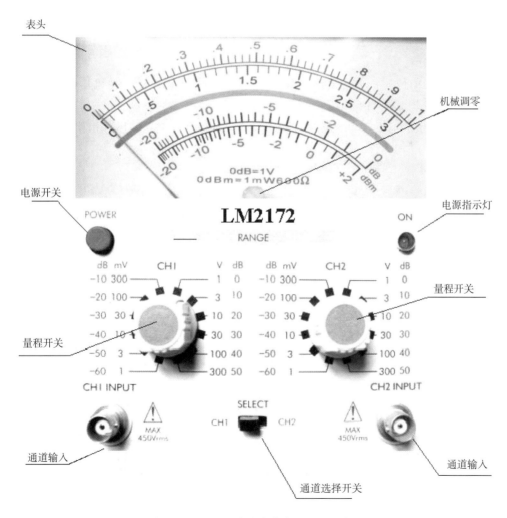

图 5　LM2172 型交流毫伏表的面板示意图

（4）量程旋钮：开机前，应将量程旋钮调至最大量程处，然后当输入信号送至输入端后，调节量程旋钮，使表头指针指示在表头的适当位置。对于 LM2172，左边为 CH1 的量程旋钮，右边为 CH2 的量程旋钮。

（5）输入（1NPUT）端口：输入信号由此端口输入。左边为 CH1 输入，右边为 CH2 输入。

（6）输出（0UTPUT）端口：输出信号由此端口输出。对 LM2172 输出端口在后面板上。

3. 基本操作方法

打开电源开关首先检查输入的电压，将电源线插入后面板上的交流插孔，设定各个控制键，打开电源。

（1）将输入信号由输入端口（1NPUT）送入交流毫伏表。

（2）调节量程旋钮，使表头指针位置在大于或等于满度的 2/3 处。

（3）将交流毫伏表的输出用探头送入示波器的输入端，当表针指示位于满刻度时，其输出应满足指标。

（4）为确保测量结果的准确度，测量时必须把仪表的地线与被测量电路的地线连接在一起。

（5）dB 量程的使用：表头有两种刻度，1V 作 0dB 的 dB 刻度值和 0.755V 作 0dBm（1mW600Ω）的 dBm 的刻度值。

（6）功率或电压的电平由表面读出的刻度值与量程开关所在的位置相加而定。

例：　刻度值　　　　　　量程　　　　　　　电平

（−1dB）　＋　（＋20dB）　＝　＋19dB

（＋2dB）　＋　（＋10dB）　＝　＋12dB

四、多功能混合域示波器 MDO−2000ES 4 系列

● 前面板

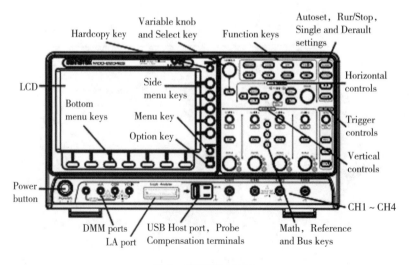

图 6　前面板示意图

表 4 前面板按键对应功能

按键名	按键示意图	功　能
LCD Display		8″WVGA TFT 彩色 LCE. 800×480 分辨率，宽视角显示
Menu Off Key	MENU OFF	使用菜单关闭键隐藏屏幕菜单系统
Option Key	OPTION	Option 键用于访问已安装的选项
Menu Keys	Sidemenu keys / Bottom menu keys	右侧菜单键和底部菜单键用于选择 LCD 屏上的界面菜单 7 个底部菜单键位于显示面板底部，用于选择菜单项 面板右侧的菜单键用于选择变量或选项。
Hardcopy Key	HARDCOPY	一键保存或打印。
Variable Knob and Selest Key	VARLABLE / Select	可调旋钮用于增加/减少数值或选择参数
Function Keys	进入和设置 MDO－2000E 的不同功能	
Measure	Measure	设置和运行自动测量项目
Cursor	Cursor	设置和运行光标测量
App	APP	设置和运行应用
Acauite	Acauite	设置捕获模式，包括分段存储功能
Display	Display	显示设置
Help	Help	帮助菜单
Save/Recall	Save/Recall	用于存储和调取波形、图像、面板设置
Utility	Utility	可设置 Hardcopy 键、显示时间、语言、探棒补偿和校准。进入文件工具菜单

（续表）

按键名	按键示意图	功 能
Autoset	Autoset	自动设置触发、水平刻度和垂直刻度
Probe Compensation Output	2V ⊓	用于探棒补偿。它也具有一个可调输出频率 默认情况下，该端口输现 2Vpp，方波信号，1kHz 探棒补偿
Power Switch	POWER	开机/关机 ▬ ｜：ON ▬ ○：OFF
DMM Ports（仅限 MDO－2000EX/S 机种）	A mA COM VΩ⊣⊢ coomA MAX PUSEO CAT I CAT II COAV COAV mA MAX PUSEO	mA 接受高达 600mA 的电流 保险丝：1A A 接受高达 10A 的电流 保险丝：10A COM Com 口 VΩ⊣⊢ 电压，电阻和二极客端口 最大电压：600V
External Trigger Input	EXT TRIG	接收外部触发信号仅限 2 通道机型， 输入阻抗：1MΩ 电压输入：±15V（peak），EXT 触发电容：16pF
Math Key	MATH M	设置数学运算功能
Rererence Key	REF R	设置或移除参考波形
BUS Key	BUS B	设置串行总线（UART，I^2C，SPI，CAN，LIN）
Channel Inputs	CH1	接收输入信号 输入阻抗：1MΩ 电容：16pF CAT1

（续表）

按键名	按键示意图	功　　能
USB Host Port		Type A，1.1/2.0兼容，用于数据传输
Ground Trrminal		连接待测物的接地线，共地
Set/Clear	Set/Clear	当使用搜索功能时，Set/Clear键用于设置或消除感兴趣的点
Trigger Controls	控制触发准位和选项	
Level Knob	LEVEL	设置触发准位。按旋钮将准位重设为零
Trigger Menu Key	Menu	显示触发菜单
50% Key	50%	触发准位设置为50%
Force－Tring	Force-Tring	立即强制触发波形
Vertical POSITION	POSITION PUSH TO ZERO	设置波形的垂直位置。按旋钮垂直位置重设为零
Channel Menu Key	CH1	按CH1－4键设置通道
(Vertical) SCALE Knob	SCALE	设置通道的垂直刻度（TIME/DIV）
Run/Stop Key	Run/Stop	停止（Stop）或继续（Run）捕获信号 run stop键也用于运行或停止分段存储的信号捕获
Single	Single	设置单次触发模式
Default Setup	Default	恢复初始设置
Horizontal Controls	用于改变光标位置、设置时基、缩放波形和搜索事件	

（续表）

按键名	按键示意图	功　能
Horizontal Position	◁ POSITION ▷  PUSH TO ZERO	用于调整波形的水平位置。按下旋钮位置重设为零
SCALE	SCALE 	用于改变水平刻度（TIME/DIV）
Zoom	Zoom	Zoom 与水平位置旋钮结合使用
Play/Pause	▶/‖	查看每一个搜索事件。也用于在 Zoom 模式播放波形
Search	Search	进入搜索功能菜单。设置搜索类型、源和阈值
Search Arrows	← →	方向键用于引导搜索事件

● 后面板

MDO-2000EG/C 后面板

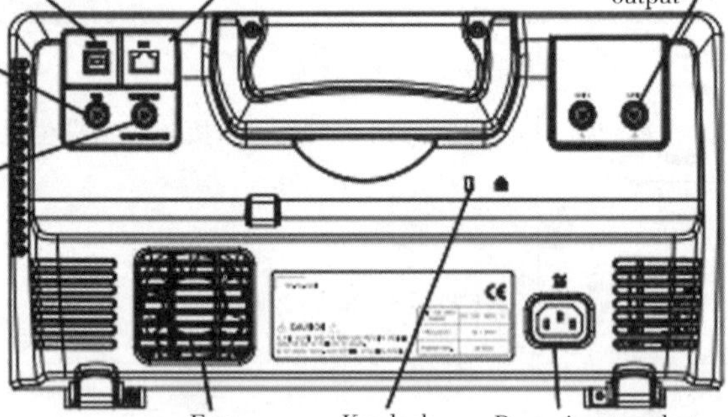

图 7　后面板示意图

表 5　后面板按键对应功能

按键名	按键示意图	按键功能
USB Device Port	DEVICE 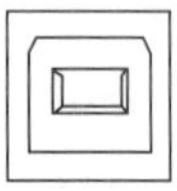	USB Device 接口用于远程控制
LAN (Ethernet) Port	LAN 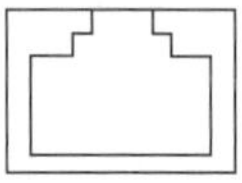	通过网络远程控制，或结合 Remote Disk App，允许示波器安装共享盘

（续表）

按键名	按键示意图	按键功能
Power Input Sochet	AC	电源插座、AC 电源、100～240V，50/60Hz
Sencurity Slot	K	兼容 Kensington 安全锁槽
Go—No Go Ourput	GO/NO GO OPEN COLLECTOR	以 500us，脉冲信号表示 Go—No Go 测试效果
AWG Output	GEN 1	输出 GEN1 或 GEN2 信号
Power Supply outputs	COLLECTOR 1　COLLECTOR CAT	5V/1A 双电源输出，（仅 MDO—200EX/S）

● 显示器

下面是主显示屏的一般说明。由于在激活 MDO—2000E 的不同功能时显示屏发生变化，有关详细信息，请参阅用户手册的每个功能子章节。

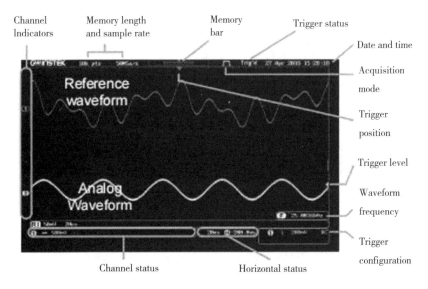

图 8　显示器示意图

表 6　显示器功能注释

名　称	功　能
Analog Waveforms	显示模拟输入信号波形 Channel 1：黄色　　Channel 2：蓝色 Channel 3：粉色　　Channel 4：绿色
Bus decoding	显示串行总线波形。以十六进制或二进制表示
Rdference	可以显示参考波形以供参考，比较或其他操作
Channel Indicators	显示每个开启通道波形的零电压准位，激活通道以纯色显示 范例：　　③▷模拟通道指示灯 　　　　　①参考波形指示灯 　　　　　Ｍ运算
Trigger Position	
Horizontal Status	显示水平刻度和位置

五、TFG6000 系列 DDS 函数信号发生器简介

本指南适用于 TFG6000 系列 DDS 函数信号发生器的各种型号（TFG60XX），仪器型号的后两位数字表示该型号仪器的 A 路频率上限值（MHz）。

TFG6000 系列 DDS 函数信号发生器直接采用数字合成技术（DDS），具有快速完成测量工作所需的高性能指标和众多的功能特性，其简单而功能明晰的前面板设计和彩色液晶显示界面能使您更便于操作和观察，可扩展的选件功能，可使您获得增强的系统特性。仪器具有下述优异的技术指标和强大的功能特性。

（一）使用准备

1. 检查整机与附件：根据装箱单检查仪器及附件是否齐备完好，如果发现包装箱严重破损，请先保留，直至仪器通过性能测试。

2. 接通仪器电源：

仪器在符合以下的使用条件时，才能开机使用。

电压：AC220（1±10％）V　频率：50（1±5％）Hz

功耗：<30VA　温度：0~40℃　湿度：80％

将电源插头插入交流 220V 带有接地线的电源插座中，按下面板上的电源开关，电源接通。仪器进行初始化，首先显示仪器名称和制造厂家，然后装入默认参数值，显示"A 路单频"功能的操作界面，最后开通 A 路和 B 路输出信号，进入正常工作状态。

（二）前面板总览

1. 电源开关　　　　　7. 调节旋钮

2. 显示屏　　　　　　8. 输出 A

3. 单位软键　　　　　9. 输出 B

4. 选项软键　　　　　10. TTL 输出

5. 功能键，数字键　　11. USB 接口

6. 方向键　　　　　　12. CF 卡槽（备用）

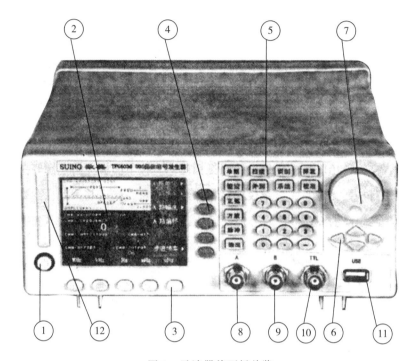

图 9　示波器前面板总览

（三）后面板总览

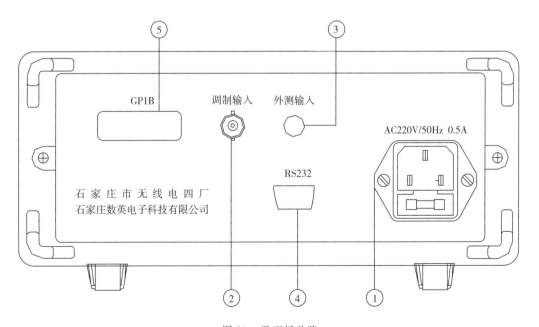

图 10　后面板总览

1—电源插座；2—外调制输入；3—外测输入；4—RS232 接口；5. GPIB 接口。

（四）屏幕显示说明

仪器使用 3.5" 彩色 TFT 液晶显示屏，如图 11：

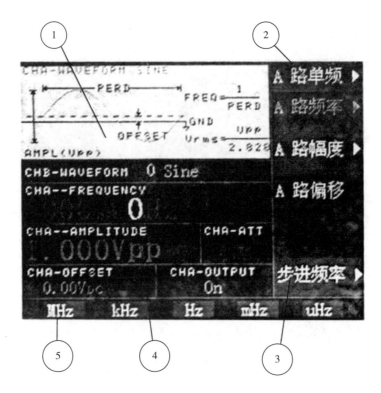

图 11　屏幕说明

① 波形示意图：左边上部为各种功能下的 A 路波形示意图；

② 功能菜单：右边中文显示区，上边一行为功能菜单；

③ 选项菜单：右边中文显示区，下边五行为选项菜单；

④ 参数菜单：左边英文显示区为参数菜单，自上至下依次为"B 路波形""频率等参数""幅度""A 路衰减""偏移等参数""输出开关"；

⑤ 单位菜单：最下边一行为输入数据的单位菜单。

（五）按键说明

1. 功能键

"单频""扫描""调制""猝发""键控"键，分别用来选择仪器的十种功能；

"外测"键，用来选择频率计数功能；

"系统""校准"键，用来进行系统设置和参数校准；

"正弦""方波""脉冲"键，用来选择 A 路波形；

"输出"键：用来开关 A 路或 B 路输出信号。

2. 选项软键

屏幕右边有五个空白键，其键功能随着选项菜单的不同而变化，称为选项软键。

3. 数据输入键

"0""1""2""3""4""5""6""7""8""9"键，用来输入数字；

"."键用来输入小数点；

"－"键用来输入负号。

4. 单位软键

屏幕下边有五个空白键，其定义随着数据性质的不同而变化，称为单位软键。数据输入之后必须按单位软键，表示数据输入结束并开始生效。

5. 方向键

"＜""＞"键，用来移动光标指示位，转动旋钮时可以加减光标指示位的数字；

"∧""∨"键，用来步进增减 A 路信号的频率或幅度。

（六）基本操作

下面举例说明基本操作方法，可满足一般使用的需要，如果遇到疑难问题或者较复杂的使用，可以仔细阅读第三章使用说明的相应部分。

1. A 路单频：按"单频"键，选中"A 路单频"功能。

A 路频率设定：设定频率值为 3.5kHz，按"选项 1"软键，选中"A 路频率"，按"3"".""5""kHz"；

A 路频率调节：按"＜"或"＞"键可移动数据中的白色光标指示位，左右转动旋钮可使指示位的数字增大或减小，并能连续进位或借位，由此可任意粗调或细调频率，其他选项数据也都可以旋钮调节，不再重述；

A 路周期设定：设定周期值为 25ms，按"选项 1"软键，选中"A 路周期"，按"2""5""ms"；

A 路幅度设定：设定幅度峰峰值为 3.2Vpp，按"选项 2"软键，选中"A 路幅度"，按"3"".""2""Vpp"；

A 路幅度设定：设定幅度有效值为 1.5Vrms，按"1"".""5""Vrms"；

A 路衰减选择：选择固定衰减 0dB（开机或者复位后选择自动衰减 Auto），按"选项 2"软键，选中"A 路衰减"，按"0""dB"；

A 路偏移设定：在衰减为 0dB 时，设定直流偏移值为－1V，按"选项 3"软键，选中"A 路偏移"，按"－""1""Vdc"；

A 路波形选择：选择脉冲波，按"脉冲"；

A 路脉宽设定：设定脉冲宽度为 35us，按"选项 4"软键，选中"A 路脉宽"，按"3""5""us"；

A 路占空比设定：设定脉冲波占空比为 25%，按"选项 4"软键，选中"占空比"，按"2""5""%"；

A 路存储参数调出：调出 15 号存储参数，按"选项 5"软键，选中"参数调出"，按"1""5""ok"；

A 路频率步进：设定频率步进为 12.5Hz，按"选项 5"软键，选中"步进频率"，按"1""2"".""5""Hz"，再按"选项 1"软键，选中"A 路频率"，然后每按一次"∧"键，A 路频率增加 12.5Hz，每按一次"∨"键，A 路频率减少 12.5Hz。A 路幅度步进与此类同。

2.B 路单频：按"单频"键，选中"B 路单频"功能。

B 路频率设定：B 路的频率和幅度设定与 A 路相类同，只是 B 路不能进行周期性设定，幅度设定只能使用峰峰值，不能使用有效值；

B 路波形选择：选择三角波，按"选项 3"软键，选中"B 路波形"，按"2""No,"；

A 路谐波设定：设定 B 路频率为 A 路的三次谐波，按"选项 3"软键，选中"B 路波形"，按"3""time"；

AB 相差设定：设定 AB 两路信号的相位差为 90°，按"选项 4"软键，选中"AB 相差"，按"9""0""°"；

AB 路波形相加：A 路和 B 路波形线性相加，由 A 路输出，按"选项 5"软键，选中"AB 相加"。

3. 频率扫描：按"扫描"键，选中"A 路扫描"功能。

始点频率设定：设定始点频率值为 10kHz，选"选项 1"软键，选中"始点频率"，按"1""0""kHz"；

终点频率设定：设定终点频率值为 50kHz，选"选项 1"软键，选中"终点频率"，按"5""0""kHz"；

步进频率设定：设定步进频率值为 200Hz，选"选项 1"软键，选中"步进频率"，按"2""0""0""Hz"；

扫描方式设定：设定往返扫描方式，选"选项 3"软键，选中"往返扫描"；

间隔时间设定：设定间隔时间 25ms，选"选项 4"软键，选中"间隔时间"，按"2""5""ms"；

手动扫描设定：设定手动扫描方式，选"选项 5"软键，选中"手动扫描"，则连续扫描停止，每按一次"选项 5"软键，A 路频率步进一次。如果不选中"手动扫描"，则连续扫描恢复；

扫描频率显示：按"选项 1"软键，选中"A 路频率"，频率显示数值随扫描过程同步变化，但是扫描速度会变慢。如果不选中"A 路频率"，频率显示数值不变，扫描速度正常。

4. 幅度扫描：按"扫描"键，选中"A 路扫描"功能，设定方法与"A 路扫描"功能象类同。

5. 频率调制：按"调制"键，选中"A 路调频"功能。

载波频率设定：设定载波频率值为 100kHz，选"选项 1"软键，选中"载波频率"，按"1""0""0""kHz"；

载波幅度设定：设定载波幅度值为 2Vpp，选"选项 2"软键，选中"载波幅度"，按"2""Vpp"；

调制频率设定：设定调制频率值为 10kHz，选"选项 3"软键，选中"调制频率"，按"1""0""kHz"；

调制频偏设定：设定调制频偏值为 5.2%，选"选项 4"软键，选中"调制频偏"，按"5"".""2""%"；

调制波形设定：设定调制波形（实际为 B 路波形）为三角波，选"选项 5"软键，选中"调制波形"，按"2""No."。

6. 幅度调制：按"调制"键，选中"A 路调幅"功能。

载波频率，载波幅度，调制频率和调制波形设定与"A 路调频"功能相同。

调幅深度设定：设定调幅深度值为 85%，选"选项 4"软键，选中"调幅深度"，按"8""5""%"。

7. 猝发输出：按"猝发"键，选中"B 路猝发"功能。B 路频率、B 路幅度设定与"B 路单频"相同。

猝发计数设定：设定猝发计数 5 个周期，选"选项 3"软键，选中"猝发计数"，按"5""cycle"；

猝发频率设定：设定脉冲串的重复频率为 50Hz，选"选项 4"软键，选中"猝发频率"，按"5""0""Hz"；

单次猝发设定：设定单次猝发方式，选"选项 5"软键，选中"单次猝发"，则连续猝发停止，每按一次"选项 5"软键，猝发输出一次，如果不选中"单次猝发"，则连续猝发恢复。

8. 频移键控 FSK：按"键控"键，选中"A 路 FSK"功能。

载波频率设定：设定载波频率值为 15kHz，选"选项 1"软键，选中"载波频率"，按"1""5""kHz"；

载波幅度设定：设定载波幅度值为 2Vpp，选"选项 2"软键，选中"载波幅度"，按"2""Vpp"；

跳变频率设定：设定跳变频率值为 2kHz，选"选项 3"软键，选中"跳变频率"，按"2""kHz"；

间隔时间设定：设定跳变间隔时间 20ms，选"选项 4"软键，选中"间隔时间"，按"2""0""ms"。

9. 幅移键控 ASK：按"键控"键，选中"A 路 ASK"功能。载波频率、载波幅度和间隔时间设定与"A 路 FSK"功能相类同。

跳变幅度设定：设定跳变幅度值为 0.5Vpp，选"选项 3"软键，选中"跳变幅度"，按"0"".""5""Vpp"。

10. 相移键控 PSK：按"键控"键，选中"A 路 PSK"功能。载波频率、载波幅度和间隔时间设定与"A 路 FSK"功能相类同。

跳变相位设定：设定跳变相位值为 180°，选"选项 3"软键，选中"跳变相位"，按"1""8""0""°"。

11. 初始化状态：开机后仪器初始化工作状态如下，

A 路波形：正弦波	频率：1kHz	幅度：1Vpp
衰减：AUTO	偏移：0Vdc	方波占空比：50%
脉冲宽度：0.3ms	脉冲占空比：30%	间隔时间：10ms
始点频率：500Hz	终点频率：5kHz	步进频率：10Hz
始点幅度：0Vpp	终点幅度：1Vpp	步进幅度：0.01Vpp

扫描方式：正向　　　　载波频率：50kHz　　　调制频率：1kHz

调制频偏：5%　　　　　调幅深度：1000%　　　猝发技术：3cycle

猝发频率：100Hz　　　　跳变频率：5kHz　　　　跳变幅度：0Vpp

跳变相位：90°　　　　　输出：On

B 路波形：正弦波　　　　频率：1kHz　　　　　幅度：1Vpp

A 路谐波：1times　　　　输出：On

参 考 文 献

[1] 徐淑华. 电工电子技术实验教程 [M]. 北京：电子工业出版社，2012.

[2] 陶秋香. 电路分析实验教程 [M]. 北京：人民邮电出版社，2016.

[3] 华成英. 模拟电子技术基本教程 [M]. 北京：清华大学出版社，2011.